国家出版基金项目
NATIONAL PUBLICATION FOUNDATION

高超声速出版工程(第二期)

高超声速飞行器激波与边界层减阻控制

罗振兵　刘　强　谢　玮　周　岩　杨沛泽　著

科学出版社

北京

内 容 简 介

本书提出基于等离子体合成射流及其改进方法的激波减阻技术、发展应用于高超声速湍流边界层减阻的自持合成射流控制系统,并开展高超声速湍流边界层减阻控制精细流场与减阻分析。

本书主要面向从事高超声速领域,尤其是关注高超声速飞行器激波、边界层等典型基础流动及其控制问题的科研人员和工程师等,希望能有利于科研、教学及人才培养。

图书在版编目(CIP)数据

高超声速飞行器激波与边界层减阻控制 / 罗振兵等著. -- 北京:科学出版社,2025. 1. -- ISBN 978-7 -03-080374-0

Ⅰ. V211.1

中国国家版本馆 CIP 数据核字第 20245YJ550 号

责任编辑:徐杨峰 罗 娟 / 责任校对:谭宏宇
责任印制:黄晓鸣 / 封面设计:殷 靓

科 学 出 版 社 出版

北京东黄城根北街 16 号
邮政编码:100717
http://www.sciencep.com

南京展望文化发展有限公司排版

苏州市越洋印刷有限公司印刷

科学出版社发行 各地新华书店经销

*

2025 年 1 月第 一 版 开本:B5(720×1000)
2025 年 1 月第一次印刷 印张:15 3/4
字数:274 000

定价:**130.00 元**

(如有印装质量问题,我社负责调换)

高超声速出版工程（第二期）
专家委员会

高超声速出版工程(第二期)·高超声速空气动力学系列

编写委员会

丛书序

飞得更快一直是人类飞行发展的主旋律。

1903 年 12 月 17 日,莱特兄弟发明的飞机腾空而起,虽然飞得摇摇晃晃,犹如蹒跚学步的婴儿,但拉开了人类翱翔天空的华丽大幕;1949 年 2 月 24 日,Bumper-WAC 从美国新墨西哥州白沙发射场发射升空,上面级飞行马赫数超过5,实现人类历史上第一次高超声速飞行。从学会飞行,到跨入高超声速,人类用了不到五十年,蹒跚学步的婴儿似乎长成了大人,但实际上,迄今人类还没有实现真正意义的商业高超声速飞行,我们还不得不忍受洲际旅行需要十多个小时甚至更长飞行时间的煎熬。试想一下,如果我们将来可以在两小时内抵达全球任意城市,这个世界将会变成什么样? 这并不是遥不可及的梦!

今天,人类进入高超声速领域已经快 70 年了,无数科研人员为之奋斗了终生。从空气动力学、控制、材料、防隔热到动力、测控、系统集成等,在众多与高超声速飞行相关的学术和工程领域内,一代又一代科研和工程技术人员传承创新,为人类的进步努力奋斗,共同致力于达成人类飞得更快这一目标。量变导致质变,仿佛是天亮前的那一瞬,又好像是蝶即将破茧而出,几代人的奋斗把高超声速推到了嬗变前的临界点上,相信高超声速飞行的商业应用已为期不远!

高超声速飞行的应用和普及必将颠覆人类现在的生活方式,极大地拓展人类文明,并有力地促进人类社会、经济、科技和文化的发展。这一伟大的事业,需要更多的同行者和参与者!

书是人类进步的阶梯。

实现可靠的长时间高超声速飞行堪称人类在求知探索的路上最为艰苦卓绝的一次前行,将披荆斩棘走过的路夯实、巩固成阶梯,以便于后来者跟进、攀登,意义深远。

　　以一套丛书,将高超声速基础研究和工程技术方面取得的阶段性成果和宝贵经验固化下来,建立基础研究与高超声速技术应用之间的桥梁,为广大研究人员和工程技术人员提供一套科学、系统、全面的高超声速技术参考书,可以起到为人类文明探索、前进构建阶梯的作用。

　　2016年,科学出版社就精心策划并着手启动了"高超声速出版工程"这一非常符合时宜的事业。我们围绕"高超声速"这一主题,邀请国内优势高校和主要科研院所,组织国内各领域知名专家,结合基础研究的学术成果和工程研究实践,系统梳理和总结,共同编写了"高超声速出版工程"丛书,丛书突出高超声速特色,体现学科交叉融合,确保丛书具有系统性、前瞻性、原创性、专业性、学术性、实用性和创新性。

　　这套丛书记载和传承了我国半个多世纪尤其是近十几年高超声速技术发展的科技成果,凝结了航天航空领域众多专家学者的智慧,既可供相关专业人员学习和参考,又可作为案头工具书。期望本套丛书能够为高超声速领域的人才培养、工程研制和基础研究提供有益的指导和帮助,更期望本套丛书能够吸引更多的新生力量关注高超声速技术的发展,并投身于这一领域,为我国高超声速事业的蓬勃发展做出力所能及的贡献。

　　是为序!

2017 年 10 月

前 言

　　高超声速飞行器是 21 世纪航空航天领域新的制高点,也是国家重大战略需求之一。近年来,高超声速技术得到了长足发展,却依然有众多未知领域且面临众多技术难题,减阻增程即是其一。中国工程院战略咨询中心科睿唯安和高等教育出版社共同完成的《全球工程前沿 2019》将"超声速流中的减阻降热研究"排在机械与运载工程领域工程开发前沿的第 3 位。2020 年国家自然科学基金重大研究计划将"探索壁流动的转捩与湍流减阻的主、被动控制方法"和"高超声速飞行器降热减阻"作为项目重点资助方向。同时,国家自然科学基金连续数年将"高速流动及控制的机理和方法"作为数理学部优先发展领域之一。

　　对于在大气层中飞行的高超声速飞行器,激波阻力占据飞行总阻力很大一部分,且随着飞行马赫数的提高,阻力逐渐增大,激波阻力占飞行总阻力的比例也增大,尤其是对于在稠密大气层飞行的高超声速飞行器,激波阻力占飞行总阻力的 1/2 以上。此外,边界层从层流转捩为湍流后,壁面摩阻剧烈提升,尤其当高超声速飞行器在高空飞行时,摩阻在总阻力中的占比更加突出,会对飞行器的气动性能、结构安全性能与航程产生极大的影响。因此,若要有效提升飞行器航程,需要同时关注激波阻力与边界层摩擦阻力。作者对团队近 5 年在高超声速飞行器激波与边界层减阻控制方面的研究进行总结并成书,希望起到抛砖引玉的作用,促进我国相关领域的发展。

　　本书共 7 章:第 1 章由罗振兵、刘强、谢玮撰写,主要介绍国内外高超声速飞行器激波减阻技术、湍流边界层减阻技术和超高声速边界层转捩延迟控制技术研究现状,并对相关研究进展进行简要的评述;第 2 章由谢玮、罗振兵、周岩撰写,重点阐述逆向等离子体合成射流减阻流场特性及参数影响规律;第 3 章由谢玮、罗振兵、周岩、刘强撰写,对等离子体合成射流激励器进行改进,提出 Laval 构型激励器,与常规构型流场特性与减阻控制特性进行对比研究;第 4 章由谢玮、罗振兵、周岩、刘强撰写,针对等离子体合成射流高空低密度环境下控制效率低的难题,首创充气式等离子体合成射流的概念,研究模拟高空环境的飞行器侧翼激波减阻控制特性;第 5 章由杨沛泽、罗振兵、刘强、周岩撰写,设计适用于高超声速湍流边界层减阻的自持合成射流控制系统,获得不同参数影响下的减阻规律;第 6 章由刘强、罗振兵撰写,从精细流场结构的角度开展高超声速湍流边界层减阻控制研究,基于拉格朗日观点揭示减阻机理;第 7 章由刘强、罗振兵撰写,针对由边界层转捩带来的高摩擦阻力问题,开展基于稳态壁面吹吸及其微槽道主被动组合的转捩延迟控制机理与规律研究。全书的修改和统稿工作由罗振兵、刘强完成。

本书的研究工作得到国家自然科学基金、某重大基础研究项目、基础加强重点基础研究项目、国防科技卓越青年科学基金、湖南省杰出青年科学基金项目、国防科技大学科研计划等项目的支持。郑穆、朱寅鑫、解旭祯、马正雪等研究生也为本书中的研究成果和本书的出版付出了大量心血和智慧,在此一并表示衷心的感谢。

高超声速飞行器技术方兴未艾,降低激波阻力与边界层摩擦阻力是增加高超声速飞行器航程、提升战略威慑力的关键,亟须发展高效、低能耗减阻控制方法。本书只是高超声速领域沧海一粟,抛砖引玉以启发相关研究人员的思考。再加上作者学术水平有限,书中难免存在不足与疏漏,恳请读者批评指正。

作者

2024 年 6 月

目　录

丛书序

前言

第1章　绪　　论 　1

1.1　研究背景及意义 /1

1.2　超声速/高超声速激波减阻技术研究进展 /2

    1.2.1　激波针减阻技术 /2

    1.2.2　能量沉积减阻技术 /4

    1.2.3　高速射流减阻技术 /6

    1.2.4　组合减阻技术 /7

1.3　湍流边界层减阻控制研究进展 /9

    1.3.1　湍流边界层及其减阻控制概述 /10

    1.3.2　湍流边界层减阻控制方法 /11

    1.3.3　湍流边界层减阻研究进展评述 /21

1.4　高超声速边界层转捩延迟控制研究进展 /21

    1.4.1　高超声速边界层转捩特性概述 /22

    1.4.2　高超声速边界层转捩延迟控制技术 /24

    1.4.3　转捩延迟控制进展评述 /35

参考文献 /36

第 2 章　逆向等离子体合成射流减阻特性数值模拟研究

—————————————— 51 ——————————————

2.1　数值模拟设置 / 52

2.2　逆向等离子体合成射流流场特性分析 / 55

2.3　逆向等离子体合成射流减阻参数研究 / 59

　　2.3.1　参数影响分析 / 59

　　2.3.2　出口直径的影响 / 60

　　2.3.3　放电能量的影响 / 64

　　2.3.4　来流马赫数和静压的影响 / 66

　　2.3.5　来流攻角的影响 / 69

2.4　本章小结 / 74

参考文献 / 74

第 3 章　Laval 构型等离子体合成射流逆向喷流减阻特性研究

—————————————— 76 ——————————————

3.1　实验与数值模拟设置 / 77

　　3.1.1　实验设置 / 77

　　3.1.2　数值模拟设置与验证 / 80

3.2　静态空气中等离子体合成射流特性分析 / 83

　　3.2.1　Laval 构型和直形等离子体合成射流流场演化分析 / 83

　　3.2.2　Laval 构型和直形等离子体合成射流特性对比 / 86

3.3　Laval 构型逆向 PSJA 减阻特性研究 / 90

　　3.3.1　Laval 构型和直形逆向等离子体合成射流流场特性对比 / 91

　　3.3.2　Laval 构型和直形逆向等离子体合成射流减阻特性对比 / 91

3.4　本章小结 / 95

参考文献 / 96

第 4 章 充气式等离子体合成射流激波减阻特性研究

98

4.1 实验与数值模拟设置 / 99

4.1.1 实验设置 / 99

4.1.2 数值模拟设置 / 101

4.2 充气式等离子体合成射流静态特性实验与数值模拟研究 / 102

4.2.1 充气式等离子体合成射流实验研究 / 102

4.2.2 充气式等离子体合成射流数值模拟研究 / 104

4.3 充气式等离子体合成射流激波减阻特性研究 / 109

4.3.1 充气式等离子体合成射流激波控制特性实验研究 / 109

4.3.2 充气式逆向等离子体合成射流特性数值模拟研究 / 113

4.4 本章小结 / 119

参考文献 / 120

第 5 章 高超声速平板湍流边界层射流减阻控制数值模拟及实验研究

122

5.1 数值模拟方法 / 122

5.1.1 计算网格与边界条件 / 123

5.1.2 网格无关性验证 / 124

5.2 射流压力对局部减阻效果的影响 / 127

5.2.1 射流压力设置 / 127

5.2.2 计算与数据处理 / 129

5.2.3 结果分析 / 132

5.3 射流出口尺寸对局部减阻效果的影响 / 133

5.3.1 计算与数据处理 / 134

5.3.2 结果分析 / 137

5.4 射流压力、出口尺寸对于整体减阻效果的影响 / 138

5.4.1 数据处理 / 138

　　　5.4.2　结果分析 / 140

　5.5　能量自持射流控制实验 / 143

　　　5.5.1　实验设备与仪器 / 143

　　　5.5.2　实验模型 / 146

　　　5.5.3　实验参数设计 / 146

　　　5.5.4　自持射流流动控制效果 / 147

　5.6　独立气源射流控制实验 / 155

　　　5.6.1　实验模型 / 155

　　　5.6.2　实验参数设计 / 157

　　　5.6.3　射流减阻控制效果 / 157

　　　5.6.4　参数影响规律 / 167

　5.7　本章小结 / 173

　参考文献 / 174

第6章　基于壁面吹气控制的高超声速湍流边界层减阻特性研究

—————— 175 ——————

　6.1　高超声速湍流边界层速度-温度耦合减阻控制研究 / 175

　　　6.1.1　来流条件与数值计算格式 / 175

　　　6.1.2　数值验证 / 178

　　　6.1.3　减阻率与收益评估 / 180

　　　6.1.4　湍流统计与结构特性 / 183

　6.2　减阻流场的拉格朗日拟序结构对比分析 / 191

　　　6.2.1　有限时间李雅普诺夫方法 / 192

　　　6.2.2　LCS 对比分析 / 193

　6.3　本章小结 / 197

　参考文献 / 198

第7章　高超声速平板边界层转捩控制研究

—————— 200 ——————

　7.1　高超声速边界层转捩特性研究 / 200

　　　7.1.1　实验与数值设置 / 200

　　　7.1.2　转捩控制结果 / 202

7.2　基于稳态壁面吹吸的高超声速边界层转捩控制研究 / 204

　　7.2.1　高超声速平板边界层线性稳定性分析 / 204

　　7.2.2　基于稳态壁面吹吸的高超声速边界层转捩控制研究 / 213

7.3　基于稳态壁面吹吸/微槽道组合的高超声速边界层转捩控制研究 / 224

　　7.3.1　基于微槽道的边界层转捩延迟控制研究 / 224

　　7.3.2　基于主被动组合的边界层转捩延迟控制研究 / 229

7.4　本章小结 / 234

参考文献 / 235

第 1 章

绪　　论

1.1　研究背景及意义

　　更高、更快、更远一直是人类不懈的追求,高超声速飞行器的出现与发展,契合了人类的这一追求。高超声速飞行器技术是 21 世纪航空航天技术领域新的制高点,也是众多世界大国的重大战略需求之一。目前,美国、俄罗斯、欧盟等都投入巨资加紧研制,如美国的空射快速反应武器(Air-launched Rapid Response Weapon, ARRW)计划、美澳联合的高超声速国际飞行研究试验(Hypersonic International Flight Research Experimentation, HIFiRE)项目、欧盟的欧洲实验再入试验台(European Experimental Re-entry Testbed, EXPERT)项目、印度的高超声速试验演示验证飞行器(Hypersonic Test Demonstration Vehicle, HSTDV)项目。高超声速武器也在加紧研制,俄罗斯已经将"匕首""锆石"等高超声速导弹列装部队。其中,"匕首"高超声速导弹已经在俄乌冲突中多次使用,我国也先后在全国科技活动周和国庆阅兵场展示了"凌云"临近空间高超声速通用试飞平台、"东风-17"导弹等高超声速飞行器。尽管如此,新一代高超声速飞行器在研制过程中依然面临诸多困难,减阻增程即其中的瓶颈问题之一,采用传统思路单纯从外形设计角度寻求升阻比优化会导致飞行器其他作战效能的损失和对热防护系统过于苛刻的要求,因此寻求高超声速飞行器减阻控制新技术,已经成为新一代高超声速飞行器发展的必然需求。

　　对于在大气层中飞行的高超声速飞行器,激波阻力占据飞行总阻力很大一部分,且随着飞行马赫数(Ma)的增加,阻力逐渐增大,激波阻力占飞行总阻力的比例也增大,尤其是对于在稠密大气层飞行的高超声速飞行器,激波阻力占飞行总阻力的 1/2 以上。因此,探索通过控制激波的有效方法,减弱激波强度甚至消除激波,能够很大程度地降低激波阻力,实现高超声速飞行器航程的大幅度提高[1-4]。此外,边界层从层流转捩为湍流后,壁面摩阻剧烈提升,尤其当高超声速飞行器在高空飞行时,摩阻在总阻力中的占比更加突出,会对飞行器的气动性能、结构安全性能与航程产生极大的影响。边界层转捩与湍流问题一起被称为"百年(或世纪)难题"[5],由于高超声速飞行器在其飞行参数范围内恰好非常容易出现边界层转捩现象[6],因而高超声速边界层转捩问题与湍流问题一直是制约飞行器设计的关键基础问题,也是制约高超声速飞行器发展的技术瓶颈之一。

本书主要针对上述高超声速飞行器面临的减阻增程瓶颈难题,分别以减小激波阻力和摩擦阻力(简称摩阻)作为切入点,开展基于主动流动控制技术的超声速/高超声速激波与边界层减阻控制研究,以期为突破技术瓶颈提供新的思路与方法。

1.2　超声速/高超声速激波减阻技术研究进展

对于超声速/高超声速飞行器,激波阻力占飞行总阻力的很大一部分,其中飞行器头部激波造成的阻力更是占比很大。为了减小超声速/高超声速流场激波阻力,研究人员提出了许多被动与主动流动控制方法,并通过实验和数值研究验证了其有效性,研究人员对这些方法进行了详细的分类和总结,主要包括激波针减阻技术、能量沉积减阻技术、高速射流减阻技术、逆向喷流与迎风凹腔的组合减阻技术、逆向喷流与能量沉积的组合减阻技术以及逆向喷流与激波针的组合减阻技术[7-11]。

1.2.1　激波针减阻技术

激波针减阻技术是指一种在钝头体前加装减阻杆的可有效降低波阻的被动流动控制方式,如图 1.1 所示。研究表明,在直线巡航过程中可以使波阻(相对于头部阻力)降低超过 50%[12-14]。其减阻机理主要体现在两方面:一是减阻杆的存在可将原本较强的弓形激波转变为较弱的激波系;二是弓形激波与减阻杆边界层之间的干扰可以诱导流动分离,形成覆盖钝头体的圆锥形回流区。目前,该技术已经应用到了"三叉戟"I 型等导弹的设计当中[15, 16]。

Ahmed 等[17]和 Huang 等[18]对该技术进行了较为详细的综述,并指出激波

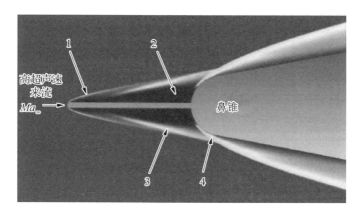

1. 激波针弓形激波;2. 回流区;3. 分离激波;4. 再附激波

图 1.1 带激波针钝头体典型流场[12]

针能取得可观的减阻效果,激波针几何参数、构型和来流参数对激波针减阻效果影响较大。然而,传统的固定式减阻杆存在一些缺陷:在大攻角情况下,激波针的效果会急剧下降,而更为严重的是,其诱导的三维激波/激波干扰、激波/边界层干扰还会导致局部区域气动热集中,带来较高的温度梯度和热应力,造成结构损坏。为此,Schülein[19] 通过实验研究了一种可偏转的激波针,它可以在大攻角条件下调整减阻杆的方向,使其始终平行于来流方向,纹影流场和表面斯坦顿数(Stanton number)分布如图 1.2 所示。实验结果表明,在 $Ma2 \sim 5$、攻角 $0° \sim 30°$ 变化的范围内,可偏转激波针均可以发挥较好功效,可以减小钝头体阻力,降低俯仰力矩,提高升阻比,并且使气动热的分布更为均匀。然而,上述方法也导致激波针的控制系统更为复杂,并且系统响应速度难以提升。此外,激波针作为尖锐前缘结构,依然承受着剧烈的气动加热,极易被烧蚀,因此单一的激波针结构难以满足应用需求。

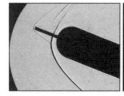   

(a) 未偏转纹影 (b) 未偏转表面 (c) 偏转后纹影 (d) 偏转后表面
斯坦顿数分布 斯坦顿数分布

图 1.2 带可偏转激波针减阻杆纹影流场及表面斯坦顿数分布

1.2.2　能量沉积减阻技术

能量沉积(energy deposition，ED)减阻技术是指在飞行器前方一定距离通过微波、激光、放电等方式产生一个高能量等离子体区域,从而利用该高能量等离子体区域与飞行器周围产生的激波相互作用,改善飞行器激波结构的一种减阻方式[20-23]。韩路阳等[21]在其综述中将能量沉积减阻的机理总结为两方面:一是能量沉积导致局部温度迅速升高,从而使得局部声速增加,马赫数降低;二是高温低密度等离子体区域使得弓形激波形状优化,脱体距离增大。事实上,能量沉积减阻的机理还存在一定争议。Ogino 等[24]认为,高能等离子体区域与弓形激波作用形成的涡旋是减阻的主要原因,如图 1.3 所示,低密度等离子体区域与弓形激波相互作用时,密度梯度与压力梯度方向不一致,导致涡量方程斜压项不为零,从而导致在斜压梯度的作用下产生了涡量薄片,并逐渐发展成涡环,接着涡环导致区域的压力降低,使得激波阻力减小。

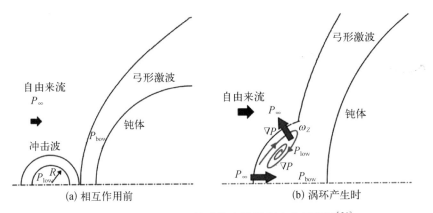

(a) 相互作用前　　　　　　　　　　(b) 涡环产生时

图 1.3　能量沉积作用下钝头体上游涡环产生示意图[24]

P_∞-自由来流静压;P_{low}-低压区域压力;R-涡旋半径;P_{bow}-弓形激波后压力;∇P-压力梯度;ω_Z-涡量

Joarder 等[25,26]则认为能量沉积产生的爆炸波在弓形激波表面透射后的低压区是钝体头部附近静压下降的主要原因。如图 1.4 所示,当高能量等离子体区域与弓形激波接触时,在高压力梯度的作用下产生了逆向流动,导致弓形激波出现"透镜效应",产生低压区,从而使得阻力降低。国内王殿恺等[27]则认为能量沉积减阻的原因包含上述两个方面,即涡环导致区域压力降低和逆流产生低压区。

进一步,Hong 等[28]研究了单脉冲能量沉积对激波脱体距离的影响。结果表明,对称轴上的值增加了四倍,这种效果非常接近前面介绍的在飞行器头部安装激波针产生的效果。Yu 等[29]研究了激光能量沉积对于高超声速流场中二维

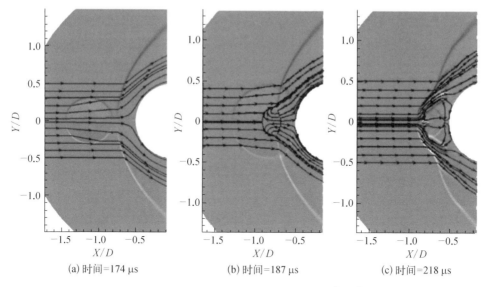

(a) 时间=174 μs (b) 时间=187 μs (c) 时间=218 μs

图 1.4 能量沉积作用下流场演化示意图[25,26]

D 表示钝体直径

圆柱的减阻作用,并将其简化为冲击波相互作用。结果表明,单脉冲激光几乎不能降低钝头表面的压力,而在 100 kHz 的频率下,滞止压力降低了 33%,表明更高的频率是降低激波阻力的关键。

日本 Sasoh 等[30]在 $Ma2$ 流场中研究了激光频率对减阻效果的影响。结果表明,减阻百分比与频率基本呈线性关系,在目前的研究中,最高取得了约 20% 的减阻率。石继林等[20]还总结了激光关键参数对能量沉积减阻效果的影响,其中入射激光能量越大、马赫数越高,激光减阻效果越好,而激光沉积位置的研究仍存在分歧。

尽管能量沉积减阻技术可以取得可观的减阻效果,但也存在不可忽视的负面影响:一是能量沉积引起的高温区域给飞行器周围带来了较大的热流,这对飞行器的设计造成较大负担;二是能量沉积产生方式成本高,系统复杂,且实现有效减阻需要消耗大量能量,容易出现入不敷出的情况。因此,能量沉积减阻技术的实际应用还需要在飞行器热防护技术以及能量发生器技术,如高能量激光发生器、微波发生器等技术方面取得重大进展。

事实上,本书研究的基于等离子体合成射流(plasma synthetic jet,PSJ)的减阻技术也是能量沉积减阻技术的一种,但是该技术通过在飞行器内部放电产生高速射流实现控制效果,也属于高速射流减阻技术的范畴,这部分将在后面进行介绍。

1.2.3　高速射流减阻技术

高速射流减阻技术,是指通过高速射流控制飞行器周围产生的激波实现减阻目的的一种主动流动控制技术,该技术以逆向喷流控制头部弓形激波为主,也包括通过横向或侧向射流控制飞行器侧翼激波等。逆向喷流技术是指在飞行器头部产生与来流方向相反的高速射流,从而推离头部激波达到减阻目的的技术[31-34]。逆向喷流典型流场包括两种模态,即长穿透模态(long penetration mode,LPM)和短穿透模态(short penetration mode,SPM)。这两种模态都能实现一定的减阻降热效果,射流在出口呈现的欠膨胀状态会使流场呈现LPM,此时高速射流穿透飞行器前方的弓形激波,会削弱其强度或使其分散,形成复杂的流动相互作用,如图1.5(a)所示,流场中存在复杂的入射激波系和反射激波系,一般流场中还可以观察到一系列马赫盘结构。但LPM仅出现在一个很窄的压比(pressure ratio,PR)范围内,当增加压比超过临界值时,流场会逐渐过渡到SPM。在SPM中,喷射出的高度未充分膨胀的射流由一个桶状激波构成,并终止于终止激波处(桶状激波末端的正激波)。在桶状激波周围,有一个射流边界,在射流与来流之间产生一个自由剪切层,剪切层的涡度导致射流边界附近形成回流区,如图1.5(b)所示[35]。Farr等[36]、Venkatachari等[37]以及Deng等[38]对LPM和SPM的振荡特性进行了深入研究。

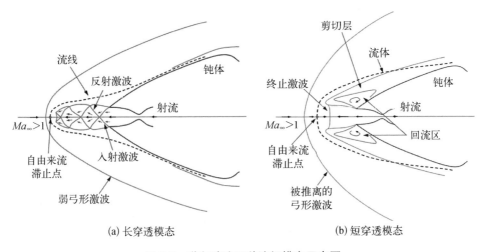

图1.5　逆向喷流两种流场模态示意图

对于逆向喷流技术和逆向喷流机理研究,逆向喷流马赫数、逆向喷流总压与来流正激波后总压的比值、逆向喷流工质种类、逆向喷流出口结构等参数研究是重点和热点。Finley[31]首先通过风洞实验,获得了逆向喷流控制下,球头圆柱体和椭圆锥体模型的头部壁面压力分布以及不同喷流模态的纹影图像。Chen等[32]通过大涡模拟的方法结合模态分解与频谱分析等方式研究了逆向喷流两种模态的流动机理。王泽江等[39]进一步研究了逆向喷流对于典型导弹球头、单锥和双锥的减阻效果,结果表明,球头在小压比长穿透模态时的减阻效果最佳,但单锥和双锥均在大压比的短穿透模态时的减阻效果更好,球头的最佳逆向喷流减阻效果可达 40%,然而上述减阻效果直接推广至飞行器整机将降低为约6%,并且还指出综合考虑最佳减阻效果、最佳喷流压比、流量以及所需储气瓶体积等影响因素,工程应用时逆向喷流应优先选用声速喷流。此外,孙喜万[40]研究了不同工质包括 CO_2 气体逆向喷流时的效果。结果表明,高压 CO_2 气体逆向喷流也具有较好的减阻效果。

尽管逆向喷流可以取得较好的减阻降热效果,但其存在的最大问题便是需要消耗大量气源,因此实际工程中若要采用这种技术,需要让飞行器携带大量高压气源,这大大增加了飞行器的质量,因此也阻碍了逆向喷流技术的实际应用。

1.2.4　组合减阻技术

前面介绍的三种超声速/高超声速激波减阻方式均能取得较好的减阻效果,但各自也都存在一定的局限性,为了克服各减阻方式的缺陷以及进一步提升超声速/高超声速激波减阻效果,研究人员逐渐开始考虑多种减阻方式的组合[41-44]。

Lu 和 Huang 等[45-47]首先对逆向喷流与迎风凹腔的组合减阻技术开展了大量研究。Huang 等[47]的研究表明,腔体的存在有助于射流的加速和膨胀,当逆向喷流总压足够大时,逆向喷流与迎风凹腔的组合构型比单独逆向喷流更有利;Lu 等[46]指出,当压比较高时,迎风凹腔对逆向喷流起到加速喷嘴的作用,更利于逆向喷流减阻降热性能的提高。其中,逆向喷流引起的回流区在减阻降热中起着重要作用,但当总压比较低时,迎风凹腔会浪费逆向喷流的能量。Sharma 等[35]详细研究了逆向喷流与迎风凹腔组合技术对于 $Ma2$ 超声速流场中钝头体的减阻降热作用。首先,通过改变喷管的压力比来得到钝头体阻力及峰值热流随喷射总压的变化关系。从图 1.6 可以看出,两种逆向喷流模态(LPM 和 SPM)之间存在明显的过渡点,即临界压比值。此外,可以得到结论,当只需要减小阻力时,LPM 是合适的,而 SPM 提供了较高的减阻和更高的热流降低,但需要较高的喷射压力。其次,作者还研究了攻角、腔体尺寸等对

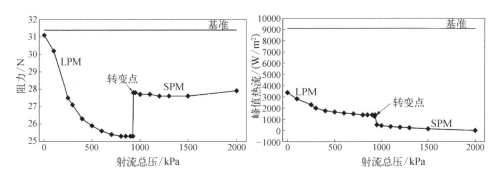

图 1.6   不同喷射压力下钝头体阻力与峰值热流的变化[35]

减阻降热性能的影响。

为了解决前面提到的激波针易烧蚀、适应性差等问题,研究人员提出逆向喷流与激波针组合技术。耿云飞等[48]首先分析了长径比、流场马赫数、射流马赫数、攻角对流场结构以及机头表面压力和热流分布的影响。结果表明,该组合方法适用于大攻角工况,当长径比为 1.0 时,阻力系数和最大表面热流密度降低了 65%;同时,其减阻和降热效率均优于仅使用逆向喷流的情况。

Liu 和 Jiang[49]提出并验证了一种激波针与侧向射流的组合技术,如图 1.7 所示,侧向射流可以将锥形激波推离钝体,这可以在保持减阻效果的同时使激波针尖端和钝头体肩部实现良好的降热效果。典型结果表明,侧向射流的攻角为 4° 时,再附区域的峰值压力可以降低 65%。此外,还有将射流从激波针伸出的位置两侧喷射的组合方案,同样也取得了较好的效果。

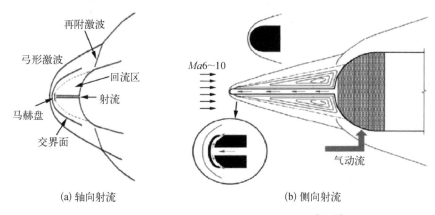

图 1.7   激波针与侧向射流组合技术示意图[48,49]

同样，Khamooshi 等[50]首先将逆向喷流与能量沉积技术相组合，与逆向喷流和能量沉积的单一策略相比，这种组合配置对于整体阻力和热流的降低更大，且大大降低了逆向喷流的不稳定性问题。Ju 等[51]的三维仿真研究也表明，与单一的逆向喷流和能量沉积策略相比，组合方式减阻效果更好；同时，由于上游能量沉积的存在，逆向喷流的稳定性和穿透性大幅度提高，特别是对于 LPM，如图 1.8 所示。采用的 PSJ 减阻技术也可以看作迎风凹腔、能量沉积与逆向喷流技术的组合。

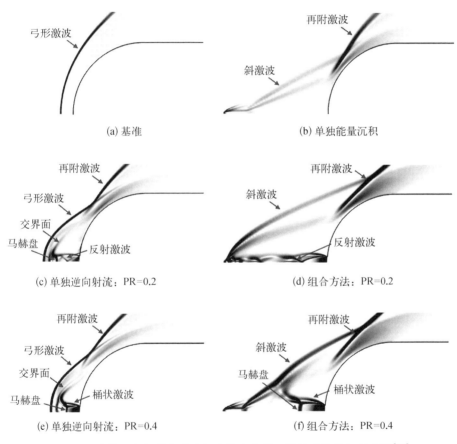

(a) 基准　　　　　　　　　　　(b) 单独能量沉积

(c) 单独逆向射流：PR=0.2　　　　(d) 组合方法：PR=0.2

(e) 单独逆向射流：PR=0.4　　　　(f) 组合方法：PR=0.4

图 1.8　能量沉积与逆向喷流组合技术作用下的钝头体流场示意图[51]

1.3　湍流边界层减阻控制研究进展

相对于层流，湍流边界层的摩阻通常会增加 3～5 倍[52]。研究表明，对于巡航状态下的亚声速飞机,其湍流边界层摩阻占总阻力的 50%,而每减小 1% 的阻力就可以减少 0.75% 的燃油消耗[53]。即使是在高超声速激波阻力占据主导的飞行条件下,湍流边界层摩阻依然约占高超声速飞行器总阻力的 30%[54]。因此,采用合适的流动控制技术,对湍流边界层进行减阻控制,将会在相同燃油消耗下给飞行器的航程带来很大程度的增加,这对于减小碳排放含量具有重要的意义。而发展超声速和高超声速条件下的湍流边界层减阻控制技术,对于突破高超声速飞行器减阻增程这一瓶颈问题具有更为重要的工程意义。

针对湍流边界层的减阻控制,国内外已经有不少综述文章。White 和 Mungal[55] 针对高分子聚合物添加剂的减阻机理与预测进行了总结,其减阻机理在于通过打破近壁湍流的再生循环,减弱准流向涡对壁面的冲击作用。许春晓[56] 重点介绍了高雷诺数壁湍流中相干结构的运动学与动力学特性,指出高雷诺数下的减阻控制必须考虑内外区的调制作用[57]。Kasagi 等[58] 从控制律、分布式微型传感器、微型作动器等方面对湍流减阻的微电磁力反馈控制进行了综述。Corke 和 Thomas[59] 回顾了近 50 年湍流减阻技术的发展,依据控制对象的不同,大致将流动控制技术分为外区大尺度结构控制与近壁区小尺度湍流控制两大类。Ricco 等[60] 专门对基于近壁展向力的减阻控制进行了长篇综述,但对应的雷诺数较低。Marusic 等[61] 进一步将展向振动方式应用到极高摩擦雷诺数($Re_\tau = 12\,800$)中,指出在高雷诺流动中需要通过控制远离壁面的大尺度结构来实现减阻并获得净收益,仅依靠控制近壁湍流反而会带来负收益。Abbas 等[62] 论述了几种主被动减阻技术的特点,并从工程应用角度提出了发展建议。

总体来说,目前低速流动中的湍流减阻控制技术及其研究非常多,并取得了很好的控制效果,而在超声速和高超声速流动中,这些流动控制方法的减阻效果显著降低,甚至直接不适用。目前,针对高速湍流边界层,特别是高超声速湍流边界层的减阻研究还很少。为了更加详细地介绍湍流边界层减阻控制技术的研究进展,本节也将部分低速流动中的湍流减阻技术进行总结。本节着重从流动控制技术的角度对湍流减阻的最新研究进展进行论述,阐明背后的减阻作用机制,并比较各自的优缺点。

1.3.1 湍流边界层及其减阻控制概述

湍流边界层并不是完全无序的流动结构,其内部存在有组织的湍流运动:在湍流边界层的近壁区存在交替分布的高速和低速条带结构,该结构在时空上不稳定,存在不断地抬起、扭曲、破碎等过程,并且伴随着流体的上抛和下扫运动,该过程称为湍流猝发,是湍流产生的标志。同时,条带的上抛和下扫运动贡献了 60%~80% 的雷诺切应力,是壁面高摩阻的主要来源[56,60,63]。湍流边界层拟序结构的发现[63]改变了人们对湍流的传统认识,被认为是 20 世纪湍流研究的重大进展之一[56]。

同时,湍流边界层中还存在近壁湍流结构循环再生的自维持过程(self-sustaining process, SSP):高/低速条带结构在靠近壁面的区域起初处于稳定状态,但由于受到外层拟序结构运动或者其他因素的影响,条带结构在流动方向上会逐渐抬升、扭曲、失稳、破碎,进而生成涡结构,随后涡结构在近壁区形成条带结构,最终会达到一种自维持循环状态[64],图 1.9 为近壁湍流自维持过程示意图[64]。

针对湍流边界层中存在大尺度拟序结构这一现象,著名空气动力学家Liepmann 曾指出" Probably the most important aspect of the existence of deterministic structures in turbulent flow is the possibility of turbulence control by direct interference with these large strucutres "

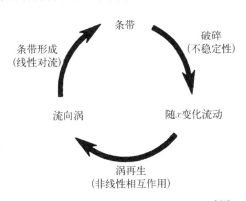

图 1.9　近壁湍流自维持过程的示意图[64]

(湍流流动中存在有序结构最重要的方面也许正是以干扰这种大尺度结构来控制湍流)[65],这为湍流边界层的减阻控制指明了研究方向。因此,湍流边界层减阻控制的关键就是湍流拟序结构的生成演化机理以及与之相耦合的流动控制技术[56,60]。国内外对湍流减阻控制开展了大量的研究,尤其是对各种流动控制技术对湍流边界层的作用机理和控制规律进行了非常多的探索。Leschziner 等[66]将边界层减阻控制分为三类:延迟边界层转捩、抑制近壁区湍流结构、缩小边界层分离区。其中,抑制近壁区湍流结构可以通过抑制边界层内的动量输运(包括法向和展向)来实现。因此,当前湍流减阻控制技术多是针对外区的大尺度湍流结构或近壁区湍流活动进行控制的。在湍流边界层的减阻控制研究中,常见的被动控制方法包括沟槽、波纹壁、大涡破碎装置等,常见的主动流动控制方法有壁面反向控制、壁面吹吸气、压电陶瓷片振动、介质阻挡放电等。

1.3.2　湍流边界层减阻控制方法

1. 沟槽减阻

沟槽减阻是湍流边界层减阻研究中最为广泛也最为成熟的被动控制技术,

研究的主要发现包括抑制低速条带、抑制流向涡、抑制流向涡展向运动、防止近壁涡侵入、平均湍动能减小、缓冲层增厚、对数律区外移等。总体来说,湍流边界层沟槽减阻机制主要有三种观点：Bacher 和 Smith[67]认为是横向二次涡机制,沟谷之间产生的二次涡结构能够减弱动量交换特性,抑制低速流体通过展向运动形成条带这一过程;Suzuki 和 Kasagi[68]通过对三个速度分量的统计分析发现,二次涡反而增强了动量交换,认为沟槽减阻的机制是近壁区涡生成的抑制作用以及湍动能从流向到展向的再分布导致的涡耗散;Choi 等[69]则认为减阻的沟槽可以限制流向涡的位置仅在沟槽上部,导致只有有限沟槽面积暴露在流向涡诱导的高速流体下洗运动中,而对于增阻的沟槽,流向涡常常侵入沟谷之中,带来了高速流体的剪切作用,这一观点也得到了 Lee 等[70]的实验验证。

同低速流动一样,高速湍流减阻中典型的被动控制方法依然是沟槽壁面。最早开展超声速沟槽壁面减阻风洞实验的是 Robinson[71],马赫数为 2.97,取得的减阻率为 4%。Gaudet[72]研究了马赫数为 1.25 的流动,相比于纯平板壁面,沟槽表面取得了 7% 的减阻效果。Coustols 和 Cousteix[73] 开展了自由来流马赫数为 1.6、2.0 以及 2.5 下的沟槽壁面减阻风洞实验,取得了 4% 的减阻率。Duan 等[54,74]对对称 V 型沟槽壁面控制马赫数为 2.5 和 7.2 的零压力梯度平板边界层进行了直接数值模拟,发现沟槽的无量纲展向峰峰间距为 $s^+ = 20$ 时,能够大幅度减小湍流强度与雷诺切应力,得到大约 7% 的减阻率。同时,他们也研究了沟槽对壁面换热特性的影响,发现雷诺比拟因子与平板边界层的值近似相等[54]。陈哲[75]研究了流向条纹式沟槽对 $Ma3$ 超声速湍流边界层、$Ma6$ 高超声速湍流边界层减阻的影响,发现流向条纹式沟槽能够减小湍流贡献项对壁面摩阻的贡献,取得了大约 7% 的减阻率,研究结果如图 1.10 所示。Zhou 等[76]在陈哲[75]的基础上进一步研究了沟槽高度 h_w 与展向波长 λ_w 对 $Ma6$ 湍流边界层减阻效果的影响,发现在一定范围内,减阻率与沟槽高度成正比、与展向波长成反比。

2. 壁面运动

壁面运动减阻控制方法,按照壁面运动方向可以分为壁面振动和壁面变形(行波表面),按照传播方向则可以分为流向和展向[77],分类结果如图 1.11 所示。最简单的情况,就是在壁面上给定展向速度随时间均匀振动,如 $w_w = A\sin(\omega t)$。其中,A 是振幅,ω 是振动的圆频率,这种控制方式在低雷诺数流动中最大减阻率可以达到 40%[78]。其他则有流向分布的定常展向速度 $w_w = A\sin(k_x x)$[79]、展向速度的流向行波分布 $w_w = A\sin(k_x x + \omega t)$[80]、展向速度的展向行波分布 $w_w = A\sin(k_z z + \omega t)$[81]。

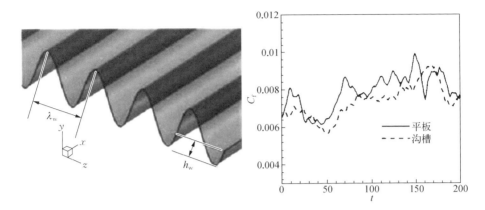

图 1.10 流向条纹式沟槽及其对摩阻系数的影响[75]

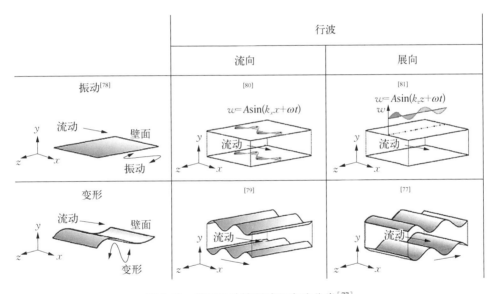

图 1.11 壁面运动控制减阻方法分类[77]

Albers 等[82]开展了基于展向行波表面的湍流减阻大涡模拟研究,对比了不同波长、周期和幅值下的减阻效果,最大减阻率能够达到 26%,最大净收益能够达到 10%,但取得最大减阻率时并不能取得最大净收益。湍流统计与湍流结构分析发现,展向压差阻力与波长存在相关性;近壁区的湍流强度,特别是其中的高/低速条带结构,得到极大减弱。Li 等[83]对展向行波表面减阻开展了粒子图像测速(particle image velocimetry, PIV)风洞实验研究,发现对数律区的雷诺应力得到抑制,局部最大减阻率达到 4.9%。这是因为尽管波峰处的统一动量区强度不变,但波谷处的强度却降低了 3.5%,而统一动量区与近壁区的极端事件存在强耦合关系。Viotti 等[84]分析了槽道流中展向速度的流向振动对减阻的影响,在无量纲幅值为 20、无量纲波长为 1 250 时,取得了 52% 的减阻效果。为产生展向壁面振动,Jukes 等[85]最早提出通过在壁面布置介质阻挡放电(dielectric barrier discharge, DBD)来诱导产生展向力,在 $Re_\tau = 400$ 下最大减阻率能够达到 40%。Corke 和 Thomas[59]实验分析了不同电极间距的影响,减阻率最高达到了 70%。Altintaş 等[86]也在槽道流壁面布置展向分布的 DBD,直接数值模拟结果显示,对于连续分布的激励器,近壁区的高速条带受到破坏,湍动能产生率降低,减阻率可以达到 13%。

Yao 和 Hussain[87]在超声速槽道流中研究了不同马赫数($M_b = 0.3$、0.8、1.5)对展向振动控制减阻率的影响(固定 $Re_b = 3\,000$),发现最大减阻率随 M_b 的增加而增加,并且在超声速情况下,流动还出现了再层流化现象(对应速度幅值 $A^+ = 18$,振荡周期 $T^+ = 300$)。Ni 等[88]研究了展向壁面振动对超声速平板湍流边界层的影响,发现施加的流动控制技术不仅能够减阻,还能同时降低壁面热流,据此提出了湍流边界层中动量输运机理与湍流热量输运机理具有高度一致性。

然而,当雷诺数提高时,壁面运动控制的减阻率大幅度降低。Yao 等[89]对比 Re_τ 从 200 到 2 000 的槽道流壁面运动控制减阻,发现减阻率从 35.3% 降到了 22.3%,通过摩阻系数的分解和雷诺应力的展向预乘谱分析发现,高雷诺数下,壁面运动控制对对数律区大尺度结构的抑制作用减弱,大尺度结构得以持续作用于对数律区和外层的超大尺度流动结构。

3. 壁面吹吸气控制

壁面吹吸气控制是研究最为广泛的主动减阻技术。Kravchenko 等[90]最先提出壁面反向控制(opposite control, OC)可以用来改变近壁区的湍流结构进而实现减阻,通常是采取壁面吹吸方法对探测平面上(一般无量纲高度 $y^+ = 12$ 较好)的脉动速度信息进行反向的调制,但是这种方法的控制效率随着边界层摩擦雷诺数的增加而降低。Pamiès 等[91]对 OC 进行了改善,只保留了吹程控制(blowing-only opposite control, BOOC),并对较高雷诺数($Re_\tau = 960$)空间发展的湍流边界层进行控制,计算结果表明壁面摩阻系数可以进一步减小。Garicano-Mena 等[92]对施加控制前后的槽道流流场进行了直接数值模拟研究,控制方式采用的是沿流向正弦变化的展向脉动速度。结果表明,壁面剪切雷诺数从 200 下降到了 145;结合动力学模态分解(dynamic mode decomposition, DMD)技术,对摩阻系数和雷诺应力进行分解分析发现,3~9 个模态就能够准确地重构近壁区的雷诺应力。DMD 不仅能够帮助识别阻力的相关特征,还能够揭示施加控制以后流场结构的变化特征。Wang 等[93]对槽道流 v 方向和 w 方向及其组合的反向控制减阻机理进行了对比分析,发现施加组合控制以后,湍流强度、流向涡以及雷诺切应力得到了很大程度的抑制,控制效率也更高。他们认为,阻力得到大幅度减小的原因就是外层的大尺度结构得到了抑制。

Choi 等[94]通过在壁面上开槽,开展了吹吸气对低雷诺数湍流边界层控制的直接数值模拟,槽的长度为 5 倍边界层位移厚度(大约 125 个壁面尺度)。研究发现,吹气激励了出口下游湍流结构的运动,湍流强度增加的原因在于流向涡的蜿蜒与拉伸变形。Kim 等[95]对施加壁面吹吸气控制后的湍流边界层壁面脉动特性进行了统计分析和频谱分析,发现相对于吸气,吹气对压力脉动的影响更为显著,准流向涡在吹气控制下得到抬升和增强;在高压力脉动区域,其近壁区都存在较强的流向涡,这是因为流向涡下扫时会产生正的压力脉动。Chung 和 Talha[96]研究了壁面吹吸气控制的幅值和监测平面位置对槽道流减阻效果的影响。研究发现,当控制有效时,减阻率与吹吸气强度成正比,但是存在最大值,超过此值,减阻效率降低。通过对湍流统计特性进行分析,发现法向速度和涡量脉动与减阻率呈现出强相关性。Krogstad 和 Kourakine[97]开展了通过局部多孔表面向动量雷诺数($Re_\theta = 2\,700$)湍流边界层喷注气体的实验研究,详细分析了控制以后湍流结构的变化,喷注的幅值小于主流速度的 1%。研究发现,喷注扰动导致雷诺应力增大,且这种扰动消失得非常慢,受影响的层与边界层外层以及壁面附近重新发展起来的层形成了一个三明治结构。尽管象限分析表明吹吸气影响了各象限对于雷诺应力的贡献,但各向异性张量结果显示,其对流动的各向异性没有明显作用。

Fukagata 等[98]推导了多种壁湍流中不同流动特性对摩阻的影响,包括槽道流、管道流和平板边界层,认为局部摩阻可以分解为四项:层流项、湍流项、不均匀项和瞬态项,此即著名的 FIK 分解(以三人姓名的首字母命名,第 3 章将给出具体形式),研究结果为开展壁湍流的反向控制和吹吸气减阻控制提供了新的认识与分析方法。Kametani 等[99]通过直接数值模拟研究了均匀吹气(uniform blowing, UB)和均匀吸气(uniform suction, US)对空间发展的中等雷诺数($Re_\theta = 2\,500$)湍流边界层壁面摩阻的影响。结果发现,UB 减小了壁面摩阻(实现了 10%以上的减阻),却增强了湍流脉动;而 US 增大了摩阻,但是湍流脉动减小,采用 FIK 方法对壁面摩阻系数进行分解发现,UB 情况下,平均对流项是阻力减小的主要机制,而在 US 情况下则是阻力增加的主要因素。Hasanuzzaman 等[100]则采用立体粒子图像测道(stereo particle image velocimetry，SPIV)，对基于均匀壁面吹气的高雷诺数湍流边界层减阻控制开展了实验研究，实验的动量雷诺数 Re_θ 范围是 7 500 ~ 19 763，吹气速度幅值是主流速度的 1% ~ 6%，实验中对吹气孔的下游进行了采样，重点分析了对数律区和外区的湍流特性，发现动量厚度和形状因子随着吹气幅值的增加而增大，湍流强度显著增大并且外层的峰值位置逐渐远离壁面。同时，研究发现，施加壁面吹气控制不仅影响了雷诺切应力和黏性剪应力，也导致了湍动能产生率的增加，湍动能预乘谱的曲线显示，施加控制后湍动能产生率在对数律区存在一个明显的峰值。

　　目前，壁面吹气在超声速/高超声速流动中的研究还较少。Yukinori 等[101]研究了 UB/US 对 $Ma1.5$ 的超声速湍流槽道流的影响，减阻率可达 10.3%。Chen 等[102]研究了壁面均匀吹吸气对 $Ma6$ 高超声速湍流边界层减阻的控制效果，如图 1.12 所示，幅值为 0.3% 的均匀吹气尽管增强了湍流强度，但壁面摩阻减小了大约 42%，这主要得益于平均黏性剪应力的减小。通过修正的 FIK 分解分析发

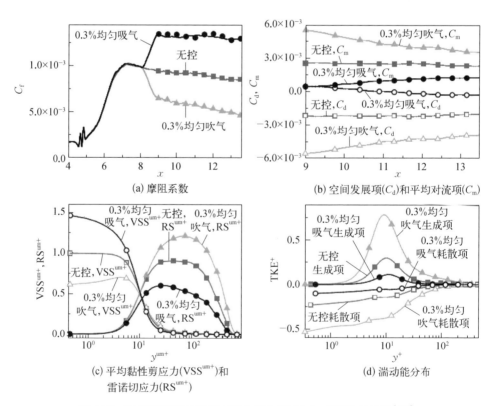

图 1.12　高超声速湍流边界层均匀壁面吸/吹气减阻控制结果[102]

现,阻力减小主要来源于平均对流项的减小,而湍流增强效应带来的高雷诺应力对于摩阻不起决定作用。

　　然而,正如 Kornilov 在壁面吹气减阻综述中所指出的那样,壁面吹气的实际使用需要材料的强度适中,材料太薄则强度不够,太厚则会带来额外的阻力。而且在超声速流动中,同时还要考虑材料的热防护[103]。在实际应用中,反向控制等控制方式还需要具有高频的响应速度,这对传感器、作动器、控制系统等都提出了很高的要求[59]。

　　4. 壁面温度与壁面局部加热/冷却

　　关于壁面温度对可压缩湍流边界层的影响的研究众多。早在 20 世纪 70 年代,Hopkins 和 Inouye[104] 就对不同壁温对壁面摩阻[105] 与热流特性[106] 的影响做了综述。Laderman[107] 通过风洞实验研究了壁面温度对 $Ma3$ 超声速湍流边界层平均流动特性的影响。近年来 Shahab 等[108, 109] 发现,在 $Ma2.25$ 来流中,与绝热壁面条件相比,冷却壁($T_w/T_r = 0.67$, T_w 表示壁温,T_r 表示流动的绝热恢复温度)可以使边界层厚度增加,增大流向雷诺正应力。Duan 等[110] 研究了 T_w/T_δ(T_δ 为边界层外缘温度)在 $1 \sim 5.4$ 变化时壁面温度对 $Ma5$ 高超声速湍流边界层的影响,发现冷却壁增强了近壁条纹的相干性和涡量强度。他们认为这是湍动能各项之间的输运减少所致。Chu 等[111] 研究了壁温比为 $T_w/T_r = 0.5 \sim 1.5$ 时 $Ma4.9$ 高超声速湍流边界层的特性,包括 Morkovin's 标度律(Morkovin's scaling)、修正的强雷诺比拟、拟序结构等,验证了 Morkovin 假设的合理性,即壁面温度主要通过平均密度的变化来影响湍流统计特性。

　　Hadjadj 等[112] 对不同 T_w/T_δ 的超声速湍流边界层开展了大涡模拟研究。结果表明,冷壁面增强了相干结构的相干性,增大了表面摩阻系数。Shadloo 等[113] 通过设置不同壁面条件(绝热壁、准绝热壁、均匀冷却壁)对超声速湍流边界层进行了数值分析,观察到流体与壁面的传热改变了近壁湍流行为,热(冷)壁温下的条带结构在展向和流向上都变窄(变宽)和变短(变长)。Sharma 等[114] 对不同壁温比($T_w/T_r = 1, 0.75, 1.5$)下的 $Ma2.2$ 超声速湍流边界层流动拓扑结构进行了细致研究,发现由于壁温降低、近壁区的局部密度增加,冷却壁情况下摩阻升高,利用联合概率密度分布和协方差积函数对湍流脉动特性进行了统计分析,发现湍流剪应力的行为与不可压情况下类似,壁面温度的影响主要集中于缓冲层($y^+ = 10$);而拟序结构的倾斜角表明缓冲层和对数律区都受到壁温的影响。Huang 等[115] 在高马赫数($Ma = 11$ 和 14)高摩擦雷诺数($Re_\tau = 1\,200$)下研究了冷壁面($T_w/T_r = 0.2$)对湍流特性的影响。Liang 和 Li[116] 通过评估可压缩效应和强雷诺比拟(strong Reynolds analogy, SRA),研究了马赫数和壁温对可压缩湍流边界层的影响。结果表明,Morkovin 假设对不同马赫数甚至马赫数高达 8 的情况仍然有效。Li 等[117]研究了不同壁温下 $Ma8$ 高超声速湍流边界层脉动密度与温度之间的关系。结果表明,冷壁面对壁湍流的极端事件有抑制作用,近壁区涡结构半径增大。Xu 等[118]对不同壁温下的高超声速湍流边界层进行亥姆霍兹分解,详细分析了壁面温度对湍流活动及可压缩性的影响,发现冷壁面会增强近壁区雷诺正应力的胀压项。

尽管壁面温度改变能够产生较好的减阻控制效果,但过高的能耗也导致很难产生净收益[119],这严重影响壁温控制在实际中的应用。为此,需要发展更高效的减阻控制策略。Gad-el-Hak 指出,可以通过改变局部流动而不是整体流动,来实现减阻,称为"targeted control"(定向控制)[53]。不同于壁面温度(冷壁面、绝热壁、热壁面)影响的是整个边界层,局部加热/冷却是通过在壁面上布置局部加热/冷却条带,其控制幅值也相对较小,但目前该种控制方式多用于低速流动中。

受益于展向振动和洛伦兹力在壁湍流减阻控制中的启发,Yoon 等[120,121]早在 2005 年就提出在槽道流中利用交替性壁面加热/冷却来诱导产生浮力,以期达到同样的效果,数值模拟结果如图 1.13 所示,温差的作用使得壁面附近产生了两个相反的横向运动层:其中第一层位于黏性底层,第二层位于缓冲层,横向运动打断了近壁区拟序结构的时空演化过程,使得壁面阻力减小。在条带宽度为 250 个壁面尺度、格拉斯霍夫数(Grashof number)$Gr = 10^7$ 时,最大减阻率达到

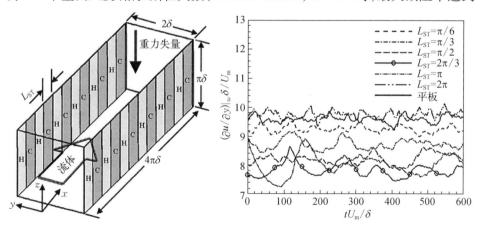

图 1.13 槽道流中交替性壁面加热/冷却示意图[120]

L_{ST}-间距;δ-边界层厚度;U_m-平均速度

35%。但这种控制方式可能仅限于低雷诺数流动,对于高雷诺数流动,流体的惯性力将远大于产生的浮力,很难在壁面附近形成回流。

Floryan 等[122-124] 研究了槽道湍流中上、下壁面温度呈不同分布 $\theta_{U/L}(x) = A\cos(\alpha x + \Omega)$ 时对表面摩阻的影响,其中 U 和 L 分别表示上、下表面,α 为波数,Ω 为相位。研究发现,相对于等温壁,湍流阻力大大减小,其减阻机制与分离泡的形成有关,该气泡避免了流体与壁面的直接接触,由于水平密度梯度的存在,气泡内部流体发生旋转,进而降低了维持流动所需的压力梯度。Inasawa 等[125] 则对 Floryan 的仿真结果开展了实验验证,他们通过在槽道壁面底部安装交替分布的冷/热水管来改变壁温,以实现壁温的周期性分布(图 1.14)。然而,该方式是否能够取得净收益还值得探究,这一方面在于如何精确设计如此复杂的温度分布,另一方面在于计算需要的能量消耗[124]。

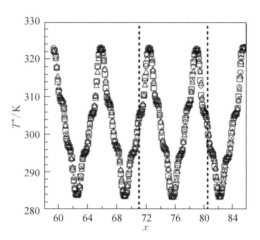

图 1.14　通过底部水管加热的槽道壁面温度分布[125]

Zhang 等[126] 开展了基于流向条纹式壁面加热的可压缩湍流边界层控制数值模拟研究。结果表明,近壁区湍流活动得到抑制,壁面阻力减小。Hickey 等[127] 则在可压缩槽道流的展向上交替布置若干条沿流向的加热条带,条带的间距通过半经验模态分解来获得。研究发现,尽管局部加热会使黏性增加,但平均密度降低带来壁面摩阻的减小更为可观,最优加热条带控制下减阻率达到 6%。

5. 多手段组合减阻

为实现更好的减阻效果,采用多种手段组合方式也成为研究热点。Wassen 等[128] 尝试将沟槽和展向振动组合起来进行湍流减阻控制,其思路是将沟槽以一定频率进行倾斜振动,通过直接数值模拟(direct numerical simulation, DNS)发现,类似于叶片状的振动沟槽在无量纲振动周期为 $T^+ = 50$ 可以取得 9.3% 的减阻效果。Kramer 等[129] 也进行了类似的实验,在振动周期 $T^+ = 35$ 时,减阻率提升到了 11.1%。Meysonnat 等[130] 采用被动沟槽结构与主动展向行波运动相结合的方法进行湍流减阻控制,并对比了两种技术单独控制下的减阻效果,发现组合控制下的减阻率更高(沟槽8.9%,展向行波运动2.3%,组合方式10%)。雷诺应力结果显示,近壁区的湍流强度显著减小,流向雷诺应力和法向涡量脉动的峰值位置进一步远离壁面。

然而,组合控制并不总是能够达到"1+1=2"的控制效果,需要考虑组合控制技术之间的协同作用。Hossain和Floryan[131]在研究槽道流中波纹壁和加热条带组合控制对压力损失的影响时指出,需要着重考虑两种技术之间的匹配关系,其可能导致最大压损,也可能两者完全抵消。Xie等[132]在进行局部微孔吹气减阻的研究中,考虑了吹冷气的影响,减阻率达到23%。然而,他们并未认识到这一高减阻率是温度控制带来的结果,同时在分析减阻效率时,给出了输入能量计算公式:

$$W_{in}(x) = \Delta P_w V_w(x) + \frac{1}{2} V_w^3(x) \qquad (1.1)$$

其中,ΔP_w为吹气壁面内外侧的压力差;V_w为吹气速度。

式(1.1)说明他们并未考虑吹气温度需要的功耗。

还有一些其他湍流减阻技术,如多孔介质表面[133]、粗糙表面[134]。Mahfoze等[135]在壁面上沿流向布置了若干对展向分布的DBD来产生展向壁面射流,以减弱近壁区高速流动对壁面的冲击作用,获得了33.5%的减阻率。当然,也有人提出转捩延迟与湍流减阻的组合控制方式,即在层流区通过均匀吸气来延迟转捩、在湍流区通过均匀吹气来减小摩阻。研究发现,全局摩阻系数降低了44.1%。其中,前者贡献占比90%,后者贡献约10%[136]。

此外,也有学者将机器学习融入湍流边界层及其减阻控制研究中。Brunton等[137]对机器学习在湍流研究中的应用进行了综述,认为传统的湍流控制策略有着从理解到建模再到控制的精确顺序,而机器学习范式则具有更强的灵活性。Li等[138]将流向和展向壁面切应力作为卷积神经网络(convolutional neural network,CNN)模型的输入信号,开展了基于BOOC的减阻控制研究,发现通过训练以后,基于深度学习的反向控制,其获得的减阻率要比恒定吹气质量流量的均匀壁面吹气控制高大约19%。Park和Choi[139]利用CNN得到壁面切应力和壁面压力,来近似代替法向高度$y^+ = 10$处的信息,对应的相关性能够达到0.92以上,在$Re_\tau = 178$的槽道流中,得到了18%的减阻率,$Re_\tau = 578$时减阻率也能达到15%。Han等[140]研究发现,利用展向壁面切应力来预测探测平面的法向脉动速度要优于利用流向切应力的预测结果,在$Re_\tau = 100$的槽道流中对应的减阻率也分别是 19% 和 10%。Fernex 等[141]基于 71 组大涡模拟数据对展向行波表面的驱动参数(波长、幅值、周期)构建了响应面模型,在训练数据范围之外依然具有高预测精度,可用于减阻预测。

1.3.3 湍流边界层减阻研究进展评述

对飞行器的发展而言,减小飞行器表面边界层湍流摩阻是一个永恒的话题,针对当前湍流边界层减阻的研究现状总结如下。

(1) 在减阻机制方面,在湍流边界层中,存在近壁区条带和流向涡构成的自维持过程,其是湍流产生和维持的关键,湍流边界层的减阻控制就是要打破这种湍流自维持过程,从而达到抑制湍流活动、降低壁面摩阻的目的。因此,当前的各种减阻控制方法,主要是针对边界层内流向涡、条带、发卡涡等典型相干结构进行控制。

(2) 对于被动减阻控制,如沟槽减阻,流动大部分被黏性所阻滞,线性底层厚度增加、对数律区外移,壁面平均黏性剪应力减小,最终导致壁面摩阻减小,这种控制方法具有控制简单、易于实现的特点,但同时也存在不可自适应调节等缺陷;而对于主动控制方法,如壁面微吹气,其将边界层黏性底层和对数律区外移,相当于在壁面上重新形成一层"虚拟壁面",控制相对精准,但同时也需要消耗能量。

(3) 当前针对湍流边界层减阻的研究,主要集中于低雷诺数和低速的流动中,但在超声速/高超声速流动中,减小湍流摩阻(依然占到 30%)同样十分重要。然而,对于超声速/高超声速流动,不可压缩流动中的减阻控制方法在可压缩流动中是否依然有效,作用机制是否相同,可压缩效应对减阻效果、控制效率会产生怎样的影响,这都是需要研究的问题。

1.4 高超声速边界层转捩延迟控制研究进展

通常情况下,湍流边界层的壁面摩阻与壁面热流是层流边界层的 3~5 倍[52],精确预测和控制边界层转捩具有非常重要的工程意义。研究表明,全层流与全湍流的热防护系统的质量可相差 4 倍左右,全层流的总阻力可比全湍流降低 30% 左右[142],全层流有效载荷是全湍流的 2 倍[143]。可见,延迟高超声速边界层转捩可以有效减重、降热、减阻,确保高超声速飞行器"载得更多,飞得更远、更安全"。

针对高超声速边界层转捩问题,国内外已有不少文章进行了综述。Schneider[144]主要综述了近年来在静风洞获得的实验结果。罗纪生[145]介绍了可压缩边界层流动不稳定性特征、转捩机理与感受性,并着重介绍了转捩预测中的 e^N 方法以及存在的困难。陈坚强等[146]主要介绍了高超声速边界层转捩的整体研究现状[147]并针对一些热点问题提出了自己的观点认识。杨武兵等[148]就转捩机理、预测方法和实验方法进行了综述,并给出了相应的研究建议。苏彩虹[149]主要针对转捩过程的一"头"一"尾",即感受性和转捩判据,重点关注圆锥边界层和横流转捩,介绍了相应的最新研究进展及尚且存在的问题。Lee等[150-153]基于静风洞实验,发展了近壁粒子图像测速(particle image velocimetry,PIV)、CO_2 瑞利散射等流场测量技术,以及直接数值模拟(direct numerical simulation,DNS)和稳定性分析等方法,在高超声速边界层转捩机理探索与转捩延迟控制方面取得了系列进展。例如,他们系统研究了转捩过程中第二模态在气动加热中的作用机制,给出了气动加热和气动降热的准则,揭示了压力脉动和速度胀量之间的相位关系决定了其做功表现为气动加热还是气动降热,并通过控制模型表面声阻抗,使表面热流降低了 28%。易仕和等[154]介绍了纳米粒子平面激光散射(nano-particle planar laser scattering,NPLS)技术在高超声速边界层转捩中的应用。段毅等[155]回顾了复杂外形飞行器存在的典型失稳特征,指出了工程中亟须解决的问题。但是,全面系统论述高超声速边界层转捩控制(特别是转捩延迟控制)的文献相对较少。

李志文等[156]从飞行器总体设计角度进行了分析,发现对高超声速边界层转捩过程进行延迟控制,在高超声速飞行器的减阻、表面热防护与气动外形优化等方面都具有极高的应用价值,已经成为当前高超声速飞行器工程设计与可压缩流体力学领域研究的热点问题。得益于以上文献的启发,本节着重对高超声速边界层转捩延迟控制技术的最新研究进展进行介绍,从被动控制和主动控制的角度引出各种转捩延迟控制技术,并阐述流动控制背后的物理机制,最后对转捩延迟控制技术的进一步研究进行展望。

1.4.1　高超声速边界层转捩特性概述

边界层转捩伴随着高超声速飞行器的发展,从 20 世纪 50 年代起就一直是研究人员重点关注的问题。一般认为,转捩是由流动中的扰动失稳引起的。在高超声速技术领域,在小扰动作用下边界层存在四类流动失稳机制,分别是流向行波不稳定性、横流不稳定性、Görtler 不稳定性与附着线不稳定性。不同失稳机制主导的边界层流动需要采取不同的控制措施。

　　流向行波失稳即通常所说的 Tollmien-Schlichting（T-S）波引起的流动失稳，是目前理论研究最多也是最为透彻的一种失稳机制。Mack[157] 的研究表明，当边界层来流马赫数大于 2.2 时，流动中同时存在具有不同波数和相速度的多种不稳定扰动波。按照波数的增长将其分别称为扰动第一模态、第二模态等。其中，第一模态即对应低速情形的 T-S 扰动波，而第二模态及以上模态由于具有声辐射特征，又称为"声模态"。当边界层来流马赫数超过 4 时，第二模态扰动将成为最不稳定扰动波。图 1.15（a）给出了高超声速边界层中的声学模态示意图[158]，可以将边界层看成一个声波导管，第二模态及其高阶谐波等声波扰动在壁面和声速线之间不断反射并向前传播，在传播方向上由一系列交替呈现的压缩区域和膨胀区域组成，其密度和温度分布形态呈现"绳索"状［图 1.15（b）］[159]。

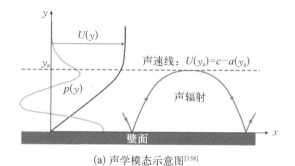

(a) 声学模态示意图[158]

(b) NPLS实验流场[159]

图 1.15　高超声速边界层转捩中的声学模态及其实验观测图

　　横流不稳定性常见于三维边界层，如后掠翼、椭圆锥和带有攻角的圆锥等的边界层。三维边界层通常存在垂直于势流方向（横向）的压力梯度，使得边界层内出现垂直于势流方向的速度分量，即横流。横流速度剖面存在广义拐点，易发生无黏失稳，产生横流驻波或横流行波，其在一定条件下发生二次失稳，最终导

致转捩。徐国亮和符松[160]对可压缩横流失稳及控制进行了系统介绍。Görtler
不稳定性是离心力和法向压力梯度的不平衡造成的,常存在于凹曲面流动中。
Görtler 不稳定性易导致 Görtler 涡,其流场特征是一对对反向旋转的流向涡以及
高低速条带结构,Görtler 涡容易发生二次失稳并导致转捩。任杰[161]和陈曦[162]
对高超声速情况下的 Görtler 涡稳定性及控制进行了较为全面的介绍。附着线
不稳定性通常发生在飞行器的前缘附着流线上,如机翼前缘附着线。陈坚强
等[163]在对高超声速边界层转捩研究标模(hypersonic transition research vehicle,
HyTRV)的前缘进行稳定性分析时,证实了高超声速前缘附着线失稳的本质依
然是第二模态失稳。

1.4.2　高超声速边界层转捩延迟控制技术

1. 粗糙元与有限幅值条带控制

粗糙元应用于高超声速边界层转捩控制从 20 世纪 50 年代就已开始。粗糙
元可以分为两种类型,即孤立式(isolated)和分布式(distributed)[164,165]。高度与
位置是粗糙元控制的重要敏感参数,不同位置、不同高度的粗糙元,对边界层的
转捩控制效果可能截然相反。粗糙元通常用于转捩促进研究,Schneider[166]针对
转捩促进开展了大量的研究工作,但对于转捩抑制的研究并不多。最早在风洞
实验中发现粗糙元抑制转捩现象的是 Sterrett 等[167],在孤立粗糙元的高度为当
地边界层的 76% 和 1.26 倍时,他们观察到边界层转捩位置被延迟,并认为这是
粗糙元附近层流分离区导致的。在随后的风洞实验中,发现在平板上安装了一
个半球形粗糙元,也能够将转捩位置往下游推移[168]。

Fedorov[169]基于稳定性理论研究了高超声速边界层中声扰动被二维粗糙元
散射引起的感受性问题,发现二维粗糙元的流向位置是第二模态波受何种影响
的关键,当二维粗糙元布置于慢模态及快模态相互作用的同步点附近时,相应第
二模态波的振幅最强。Marxen 等[170]则发现二维粗糙元对不同频率范围的第二
模态波会产生不一样的影响,对某些频率的扰动能够放大,对某些频率的扰动能
够抑制。他们认为粗糙元的作用其实相当于一个"低频放大器"。Duan
等[171,172]及 Zhong 和 Wang[173]的研究发现,当粗糙元布置于慢模态及快模态相
互作用的分支点上游时,第二模态波几乎不受粗糙元影响。当粗糙元布置于分
支点附近或下游时,第二模态波的振幅会被二维粗糙元所抑制。Fong 等[174,175]
也发现粗糙元和边界层内快模态与慢模态同步点的相对位置对扰动波的发展非
常关键,粗糙元安装在共振点之后(前),会抑制(放大)慢模态。李慧[176]对马赫

数为 4.5、飞行高度为 30 km、有鼓包的平板边界层中扰动的演化进行了研究,发现粗糙元对一些频率的扰动起促进增长作用,而对另一些频率的扰动起抑制作用。总之,粗糙元对扰动波的影响取决于安装位置:在给定扰动波频率的情况下,安装在同步点之前的粗糙元对第二模态的影响有限或有促进作用;若安装在同步点之后,则对第二模态有抑制作用;若安装在同步点附近,则易激发第二模态;由于不同频率扰动波的同步点不相同,在给定粗糙元安装位置的情况下,低于安装位置处共振频率的扰动波将会被放大,高于共振频率的扰动波将会被抑制。

　　通过合理布置粗糙元来激发有限幅值的条带以实现转捩抑制的方法也逐渐受到重视[177, 178]。有限幅值条带延迟转捩的机理在于条带对边界层的修正作用使得边界层更加饱满,流动更加稳定,但有效控制的前提是条带的强度不能超过二次失稳的临界强度[161]。Fransson 等[179]在风洞实验中,利用展向等间距分布的粗糙微元来产生条带结构,抑制边界层中 T-S 波的增长,实现了转捩的延迟。Ren 等[180]在 $Ma4.5$ 和 $Ma6$ 条件下分析了 K 型条带和 G 型条带与边界层内二维扰动波的相互作用,发现当条带幅值在合适范围内(足以调控边界层而又不引发二次失稳)时,第一模态和第二模态都会被抑制。Paredes 等[181, 182]在 $Ma5.3$ 条件下采用抛物线稳定性方程(parabolized stability equation, PSE)研究了粗糙元对 7°半锥角圆锥边界层的转捩控制。结果表明,单组粗糙元带来了 17%的转捩延迟效果,而若使用两组粗糙元来交替控制(即采用后者来抑制前一组粗糙元自身诱导的不稳定性),更是能够取得 40%的延迟控制效果(粗糙元的分布如图 1.16 所示)。

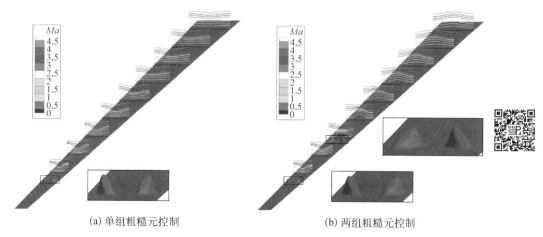

(a) 单组粗糙元控制　　　　　　　　(b) 两组粗糙元控制

图 1.16　不同组合方式下的粗糙元布置示意图及马赫数等值线图[181]

条带同样可以用于抑制三维后掠翼边界层的横流失稳,Saric 等[183]、Reed 和 Saric[184] 做了很多开创性的工作。Rizzetta 等[185] 采用 DNS 和非线性抛物线稳定性方程(nonlinear parabolized stability equation, NPSE)计算了 Saric 等的飞行试验结果,分析了机翼前缘方形、圆柱、鼓包等粗糙元构型对横流转捩的影响,取得了良好的横流抑制效果。Schuele 等[186] 在 Ma3.5 条件下研究了小攻角圆锥边界层的转捩问题,当采用亚临界间距的粗糙元激发次不稳定的定常横流涡时,边界层流动内部扰动减小,转捩位置可以推迟 35%。Corke 等[187] 进一步将 Schuele 等的实验[186] 拓展到 Ma6 来流条件下,依然取得了 25% 的转捩延迟控制效果。然而,Owens 等[188] 采用粗糙元进行超声速后掠翼边界层转捩延迟控制的效果却并不明显。粗糙元和条带控制横流转捩的主要机理是生成相对稳定的流向涡,调节边界层型面,避免最不稳定或危险的横流涡产生,从而延迟横流转捩[189]。但是,粗糙元的控制效果对流动参数非常敏感,例如,Chapter[190] 在 30° 后掠翼的 112 次的飞行试验中仅有 6 次观察到了边界层转捩被明显推迟的现象,不适当的流动条件很可能导致转捩提前[190],可见粗糙元和条带控制从风洞实验走向实际飞行仍然面临诸多挑战。

2. 波纹壁

诸多高马赫数下的混合层和尾迹流动数值及实验研究表明,马赫数的增加会对边界层产生稳定作用,剪切不稳定作用也会被抑制[191,192],这就引导人们探索研究局部边界层分离对第二模态的影响。Fujii[193] 最早开展了波纹壁对转捩的抑制研究实验,其在 5° 半锥角的尖锥表面失稳区域上游 2 倍边界层厚度的范围布置了波纹壁,在自由来流高总温(970 K)的条件下,当波纹壁的波长与第二模态波的波长相当时,转捩被有效推迟。据此推测,当波纹壁的波长和第二模态的波长之间符合某种特定关系时,波纹壁有可能延迟边界层转捩。Novikov 等[194] 开展了波纹壁延迟 Ma5.9 高超声速平板边界层转捩的直接数值模拟研究,在上游通过高频激励激发第二模态不稳定波,在离散分布的分离区中,边界层表现出混合层的特性,不稳定波在一定程度上被抑制。但 Bountin 等[195] 认为波纹壁延迟转捩控制主要是其对基本流的修正,而不是直接作用于第二模态。Zhou 等[196] 研究了波纹数目、深度、流向位置等几何参数对转捩位置的影响,发现随着波纹深度的增加,其对不稳定波的抑制作用更明显。Si 等[197] 和 Zhu 等[198] 在 Ma6 静风洞中研究了不同雷诺数下波纹壁对高超声速裙锥边界层转捩及其气动热的影响,研究结果如图 1.17 所示,证实波纹壁面能够在一定程度上抑制第二模态的不稳定作用,并延迟转捩的发生,同时也完全抹去了气动加热的第一个热流峰值。

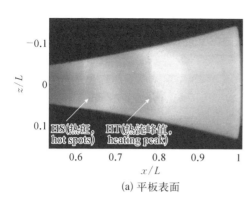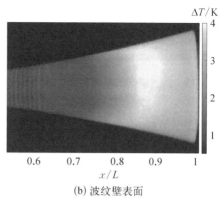

(a) 平板表面　　　　　　　　　　(b) 波纹壁表面

图 1.17　带波纹壁的高超声速裙锥边界层转捩风洞实验结果图[197]

但设计好的波纹壁可能仅对特定频率范围内的不稳定波有抑制作用,对较低频率的扰动可能起到一定的失稳作用。Bountin 等[195]的研究发现,在所给定的实验条件下,波纹壁使得频率超过 110 kHz 的扰动幅值衰减,但较低频率范围(80~100 kHz)的扰动却被放大。可见,还需要进一步研究波纹壁对各种扰动的影响特性或有效工作范围。

3. 微孔隙表面

在被动式转捩延迟控制技术方面,研究最广泛的莫过于微孔隙表面。超声波吸收表面(ultrasonically absorptive coating, UAC)是一种非常典型的微孔隙材料,它是一种由规则或随机分布的微腔构成的薄层,声学扰动进入微腔内会引起内部空气剧烈运动,在黏性耗散作用下,声学扰动的部分机械能将转化为热能。另外,流动中有声学扰动经过时,会产生压缩和膨胀的变化,压缩区温度升高,膨胀区温度降低,相邻压缩区和膨胀区之间的温度梯度会导致热量从温度高的部分向温度低的部分传递。这个过程是不可逆的,声学扰动的部分机械能也会转化为热能。因此,在黏性耗散和热传导的共同作用下,第二模态波的机械能转化为热能,不稳定性受到抑制,进而延迟了边界层转捩的发生。

1998 年,Malmuth 等[199]最早指出使用吸收高频声波的多孔表面能够有效抑制第二模态的增长。通过在一个波长内布置 15~20 个深孔,Fedorov[169]、Fedorov 等[200,201]率先开展线性稳定性理论(linear stability theory, LST)研究并在尖锥边界层上完成风洞实验验证。此外,Fedorov 等[200]提出的用于模化多孔表面的阻抗边界模型奠定了后人研究的基础。但 Fedorov[169]的研究也指出,多孔表面控制尽管抑制了第二模态的不稳定作用,却也带来了低频扰动被激发的现象(图 1.18)。

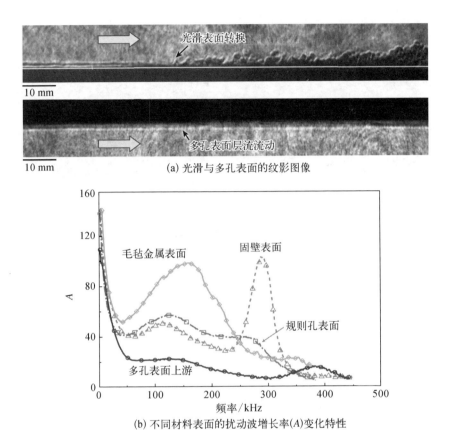

(a) 光滑与多孔表面的纹影图像

(b) 不同材料表面的扰动波增长率(A)变化特性

图 1.18　7 度半锥角尖锥表面上多孔表面对不稳定模态的影响[169]

Chokani 等[202]采用相干谱分析发现,相对于固体壁面,多孔表面改变了第二模态波的谐波与次谐波共振特性,多孔表面上的谐波共振现象消失,非线性相互作用增强,并且这种非线性作用与第一模态的失稳紧密相关。Sandham 等[203]及 de Tullio 和 Sandham[204]采用时域直接数值模拟方法(流向设置周期边界)对多孔表面延迟转捩进行了研究。结果显示,多孔表面能够有效抑制第二模态不稳定波的发展,并降低二次失稳波的增长率,同时指出 DNS 求解的扰动增长率要低于 LST 理论预测结果。Brès 等[205]和 Tritarelli 等[206]发现多孔表面能够减小第二模态的能量,但也使得第一模态发生了轻微失稳。Zhong 和 Wang[172]采用理论和数值模拟对高超声速边界层转捩机理及其流动控制进行了大量研究,发现多孔表面对第二模态波的影响与多孔层的位置有关:当多孔表面位于同步点上游位置时,会促进第二模态波的发展,而当多孔表面位于同步点下游位置时,对第二模态波有稳定作用。Lukashevich 等[207-209]采用风洞实验研究了覆盖层的长度、位置对第二模态的影响,同样发现若覆盖层位于扰动模态同步点之前,反而会放大第二模态的增长率。Sousa 等[210,211]采用时域阻抗边界来模拟宽频带范围内声波在多孔表面的传播特性,并尝试开展全转捩过程 DNS 模拟,但数值格式鲁棒性太差导致了 DNS 计算的发散,并且其模型也没有考虑多孔表面的热黏性效应。Fievet 等[212]同样基于时域阻抗边界,采用高阶谱差分求解器对单频扰动下多孔表面的响应进行了数值模拟,获得了与 LST 一致的结果。

另外,为进一步模拟高超声速飞行器防热层使用的防热材料,Fedorov 等[201]通过风洞实验和 LST 证实了金属毡对第二模态的抑制效果。Maslov[213]与 Wang 和 Zhong[214]分别采用风洞实验与数值模拟,对比了规则孔隙表面与金属毡对第一模态/第二模态的作用效果。结果显示,规则孔隙表面对第二模态的抑制效果弱于金属毡,但对第一模态的激发效应也要小于金属毡。自 2013 年起,德国宇航中心开始对实际热防护系统所用到的碳纤维增强碳(C/C)材料开展抑制高超声速边界层转捩研究,取得了良好的控制效果。Wagner 等[215]在高焓激波风洞验证了 C/C 材料对高超声速边界层($Ma=7.5$)转捩的抑制效果,并发现抑制效率与来流雷诺数有关。各团队所采用的实验模型如图 1.19 所示。

 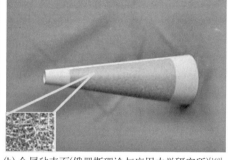

(a) 规则微孔表面(美国加州理工学院T5风洞)[213] 　　(b) 金属毡表面(俄罗斯理论与应用力学研究所)[169]

(c) C/C材料表面(德国宇航中心哥廷根高焓风洞)[215]

图 1.19　各团队的转捩延迟控制风洞实验模型

近年来,国内针对多孔表面延迟转捩也进行了大量的研究。朱德华等[216]采用 DNS 和基于阻抗边界的 LST 方法比较了三维顺排和错排的矩形微孔对不稳定波的影响。研究表明,两者都可以抑制第二模态扰动的发展,但是顺排多孔表面延迟高超声速边界层转捩能力更强。涂国华等[217]利用 LST 分析了不同开孔率和孔半径对第二模态扰动波的影响,得到了抑制扰动波幅值增长的最优开孔率和孔半径。Zhao 等[218,219]考虑孔隙表面微结构之间的声学干扰,重新推导了规则孔隙表面(微缝隙/圆孔/方孔)的作用机理模型,提高了对孔隙表面声学特性的预测精度,并提出一种数值优化设计方法,可得到单频最优吸声效果下的微结构几何参数;他们还分别研究了表面阻抗相位对第一模态/第二模态的抑制作用,设计了一种在不明显激发第一模态的前提下有效抑制第二模态的多孔表面[220]。Zhao 等[221]引入声学超表面的概念,强调多孔表面人为设计与交叉学科的重要性,提出了一种近零阻抗的多孔表面。与之前通过微腔黏性耗散声波的机理不同,近零阻抗超表面使入射声波与反射声波在壁面处相位相反,声压相互抵消,破坏第二模态的演化形态,同样可达到抑制第二模态的目的。赵瑞等[222]系统地研究了声学超表面导纳幅值与相位对第一模态的影响规律,在 $Ma4$ 平板边界层流动中抑制了第一模态。

Zhu 等[223]采用风洞实验和稳定性分析相结合的方法研究了多孔表面上高频模态和低频模态之间的非线性相互作用,发现多孔表面对近壁区扰动的抑制改变了基频共振扰动的空间分布特征,打破了锁相关系,抑制了基频斜波失稳,同时也发现多孔表面极大地抑制了气动加热并推迟了转捩位置。Long 等[224]采用 Doak 动量势理论(momentum potential theory, MPT)研究了多孔表面抑制第二模态的机理,该理论通过能量平衡方程将不稳定波分解为涡组分、声组分和熵组分。研究发现,多孔表面极大地抑制了近壁区正的涡组分,使得输运到临界层(第二模态波的相速度等于平均流的速度)的涡能减小,涡能转化为声能的比例也相应减少,声辐射现象消失。Xu 等[225]则着重对多孔表面上第二模态的二次失稳机制进行了分析。

上述微孔隙表面的空隙大小通常是微米量级,其实际加工难度较大并且十分昂贵。郭启龙等[226]研究了较大尺寸(0.1 mm)横向微槽道的转捩延迟控制效果,发现较大尺寸微槽道对第二模态有非常强的抑制作用。他们还分析了横向微槽道对基本流的影响,发现微槽道有利于减小壁面摩阻,而压差阻力仅稍微增大,因为表面上的压差阻力要比摩阻小 1~2 个数量级,所以总阻力减小(图 1.20)。这就表明较大尺寸微槽道用于高超声速边界层转捩延迟控制将会带来很好的减阻效果。

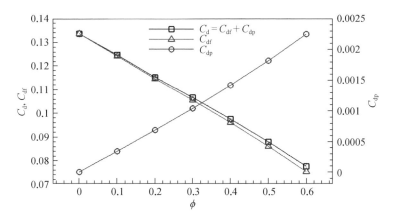

图 1.20 不同开槽率 ϕ 下的摩阻系数 C_{df}、压差阻力系数 C_{dp} 和总阻力系数 C_d[226]

综合微孔隙表面的相关研究成果可以发现,只要安装位置得当,微孔隙表面基本上都有抑制第二模态扰动波的作用,但这种抑制效果对频率具有一定的依赖性,对高频第二模态波的抑制效果总体上要优于低频第二模态波。但微孔隙也有不利的一面,即对第一模态(或低频模态)具有一定的促进作用。以上结论都是基于风洞实验、DNS 或 LST 得到的。其中,部分 DNS 和 LST 采用的不是真实边界条件,而是模化后的边界条件,有关真实飞行条件下微孔隙表面能否延迟边界层转捩仍需进一步研究。

4. 壁面(局部)加热/冷却控制

早在 20 世纪 70 年代研究人员就发现,通过降低壁面温度,可以抑制边界层的热耗散率,调节边界层内外流体之间的交换,进而可抑制转捩的发生[227]。事实上,壁面加热或者冷却会引起边界层厚度发生变化,相应的声速线位置也会发生改变,这会带来边界层内扰动波(快、慢模态)相速度演化的变化,同步点发生迁移,从而达到控制流动稳定性的目的。根据稳定性分析结论,冷壁会使第一模态更稳定而第二模态更不稳定[228]。这个结论事实上是壁温作用于边界层平均剖面的结果,以第一模态为例,由于其失稳的本质原因在于边界层剖面内广义拐点的变化,当壁面得到足够的冷却时甚至会消除广义拐点[164]。赵耕夫[229]研究了壁面冷却对三维可压缩边界层稳定性的影响,指出壁面冷却虽然能够推迟边界层转捩,但是与二维边界层相比,其层流控制作用是很有限的。

实际情况下高超声速飞行器的热防护系统由不同导热性能的材料组成,因此其表面总是存在不均匀的热流分布,这就促使研究者开始探索这种局部加热/冷却对高超声速边界层转捩的影响。局部加热/冷却用于转捩延迟控制最早是在亚声速边界层流动中,取得了较好的控制效果[230]。Soudakov 等[231]通过在 $Ma6$ 尖锥表面放置局部加热/冷却单元,发现局部加热/冷却同样能够取得较好的转捩控制效果:局部冷却会导致转捩推迟,而局部加热会使转捩更早发生。Fedorov 等[232]的风洞实验研究也表明,局部冷却可以抑制第二模态的幅值,延迟转捩的发生。Zhao 等[233]针对不同流向位置的局部壁面加热或者冷却对高超声速边界层流动稳定性的影响进行了直接数值模拟和线性稳定性分析。研究发现,局部壁面加热的作用机理与粗糙元类似,位于同步点上游时,会放大慢模态,位于下游时则有衰减作用;局部壁面冷却位于同步点上游时能够稳定第二模态,位于下游则会产生第二同步点,会产生更强的扰动作用。

Fedorov 等[234]还对局部体积的能量输入对高超声速平板边界层的影响进行了二维直接数值模拟和线性稳定性分析。研究发现,控制效果取决于能量源距离同步点的位置和法向高度,当能量源位于中性点的上游、中心位置靠近边界层外缘时,能够减小第二模态的增长率、降低不稳定模态的幅值;而当能量源位于下游并且位于边界层以内时,这种稳定作用变得微弱;在中性点附近变换能量源的法向位置发现,稳定效果最好的位置位于临界层。Fedorov 等[234]认为作用机制有两个:一是能量源导致下游第二模态增长率减小;二是不稳定波到达能量源邻近区域时被分散,导致不稳定波幅值发生了变化。

5. 重气体喷注法

重气体喷注延迟转捩法最早源于 Adam 等[227]和 Germain[235]在风洞实验中的意外发现,当实验气体为 CO_2 时,边界层的转捩位置被大大推迟。同时,在一定的高温/高焓条件下,随着来流 CO_2 浓度的增加,转捩推迟也会更加显著。这是由于高超声速边界层转捩通常是第二模态占据主导作用,而第二模态是一种声波扰动,流动中的非平衡效应能够使这些声波扰动衰减[236]。

但是从实际应用的角度出发,若要利用 CO_2 的特性来推迟高超声速边界层转捩,如何在实际飞行的空气来流中注入 CO_2 是一个难题。有研究人员探索了从壁面直接向边界层内注入 CO_2 的方式来推迟边界层转捩。例如,Leyva 等[237, 238]在 5°半锥角的尖锥表面开展了基于 CO_2 壁面喷注的高超声速边界层转捩延迟控制数值和实验研究,与纯 N_2 来流相比,在 CO_2 摩尔分数为 40%的情况下,转捩雷诺数增加超过一倍;数值模拟发现,在喷注(声速射流)区域下游,CO_2 的温度能够达到 2 000 K。在此温度下,足以激发 CO_2 四种离解模态中的三种,这将有助于增强边界层的流动稳定性。Jewell 等[239]则开展了空气来流、CO_2 来流、空气/CO_2 占比各半的混合物来流下的转捩控制实验。结果发现,对于混合物来流,转捩的流向位置向下移动 30%;并且来流的焓值越高,转捩位置越靠后。CO_2 控制的本质是分子的振动与离解能够吸收掉大部分的第二模态频率附近的能量,从而达到抑制转捩的目的,所以当边界层温度大于 CO_2 振动能激发温度时,控制效果较好。但需要注意的是,CO_2 气体注入本身也会带来扰动,因此需要平衡气体注入引起的扰动与 CO_2 的稳定效果之间的关系[240]。

重气体对第一模态扰动波也有一定的抑制作用。Lysenko 等[241]研究了 SF_6 重气体垂直吹气和倾斜吹气对 Ma2 超声速边界层转捩延迟效果的影响,首次通过风洞实验证实了 SF_6 分布式吹气的转捩延迟作用。Gaponov 等[242, 243]通过多孔表面吹出重气体(CCl_4,SF_6),发现其延迟了 Ma2 超声速边界层转捩的发生,研究结果如图 1.21 所示。重气体边界层的控制效果类似于壁面冷却,增加了边界层的平均密度,第一模态扰动波的放大率降低,提高了边界层的稳定性。Lysenko 等[244]还研究了表面升华对不稳定模态的影响,发现表面升华产生了气体混合物(空气与蒸汽),导致壁面温度降低、近壁区密度增加,从而抑制了不稳定模态的增长。

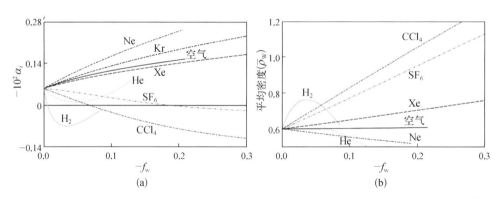

图 1.21　不同重气体喷注下,扰动增长率(α_i)、平均密度($\bar{\rho}_w$)与喷注因子 f_w 之间的关系[242]

但是,Miro 和 Pinna 的研究也发现重气体喷注的转捩延迟效果不仅与气体的分子量有关,还与吹气间断性、孔隙率以及小激波结构(shocklets)的出现密切相关。其中,shocklets 的存在构成了密度梯度,类似于热声阻抗作用于第二模态[245]。

6. 其他控制方法

还有一些其他的转捩控制方法,如压力梯度[246]、介质阻挡放电[247-249]、壁面吹吸气与多孔表面组合[250]、壁面冷却与多孔表面组合[251]等。Wang 等[248]

研究发现,布置于横流涡下的介质阻挡放电能够衰减横流首次失稳的增长率、削弱横流涡,最高可实现扰动能量降低两个量级,在横流转捩抑制方面显示出一定的潜力。对于壁面吹吸气控制,研究发现,边界层内非稳态吹吸气能够调节边界层形状和流体的运动,修正边界层的速度剖面[252]。壁面吸气法通过减小边界层厚度、增加边界剖面的饱满度、消除或减弱边界层速度剖面拐点,达到增强稳定性和延迟转捩的目的[253]。同时,Wang 和 Lallande[254] 也研究了稳态壁面吹吸气对高超声速边界层转捩的影响,线性稳定性分析发现,当布置于同步点的上游时,凹形(concave-type)的稳态壁面吹吸气控制能够稳定慢模态;而当布置于同步点的下游时,凸形的(convex-type)稳态壁面吹吸气控制能够稳定慢模态。他们就此建议在同步点上下游同时施加控制,以更好地实现对慢模态的抑制。

事实上,采用单种控制技术常常存在很大的局限性,采用多种技术组合的方式同时来对边界层内的一种或多种不稳定波进行控制往往能够取得更好的控制效果,也是当前研究的热点。Fedorov 等[240] 曾通过多孔表面喷注 CO_2 气体来对第二模态进行控制,多孔表面从喷注位置一直布置到下游,研究结果如图 1.22所示,施加组合控制以后,上游由于气体喷注带来的 N 值局部峰值因为多孔表面的存在而减小近 50%,下游区域多孔表面与 CO_2 的组合更是将 N 值由原来的12.5 衰减到了 3 左右,显示出惊人的控制效果,主要原因是多孔表面对第二模态起抑制作用,而壁面冷却对第一模态有稳定作用。基于此,Kudryavtsev 等[251] 提

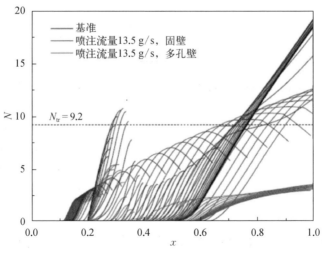

图 1.22　多孔表面/CO_2组合控制下的边界层 N 值变化对比[240]

出了冷多孔表面控制方式,线性稳定性分析结果显示,施加组合控制以后,第一模态不稳定波消失,第二模态不稳定波的增长率也大幅度衰减。

1.4.3 转捩延迟控制进展评述

高超声速边界层转捩会引起壁面摩阻与热流急剧增加,对高超声速飞行器的气动性能和热防护系统具有很大的影响,开展高超声速边界层转捩延迟控制研究,不仅是流体力学的前沿热点问题,也是国家重大工程急需的关键技术之一。

不同于低速边界层,高超声速边界层中通常由第二模态扰动波占主导,因此当前主流的转捩延迟控制技术大多是针对具有声辐射特性的第二模态开展的,而控制第一模态和横流模态的研究相对较少。本节较为全面地介绍粗糙元、波纹壁、微孔隙、壁面加热/冷却、重气体喷注和一些混合控制方法。

粗糙元可用来抑制第二模态扰动波,但其安装位置和高度对控制效果非常关键,需要预先知道快/慢模态的同步点位置。因为不同流动参数和不同扰动频率下同步点的位置很可能不同,所以还需要明确粗糙元抑制第二模态扰动波的有效工作范围。粗糙元也可用于激发有限幅值条带来抑制转捩,但前提是条带的强度必须小于其发生二次失稳的临界强度,这一点对粗糙元的设计提出了更高的要求。同时,粗糙元也在一定程度上带来了附加阻力与附加热流,不得不考虑额外的热防护设计。

微孔隙表面在不明显影响主流的情况下,通过吸声和黏性耗散机制有效抑制了第二模态的发展,是最有可能投入工程实践的技术,但多孔表面也可能带来低频模态的失稳。

壁面温控技术利用边界层厚度与声速线位置的变化,调节不稳定波的频率等特性。这种控制技术原理上比较简单,但实现高效控制却需要巨大的能量消耗,这对高超声速飞行器有限的机载能源来说是个巨大的挑战。

CO_2等重气体喷注法基本原理是利用重气体的分子振动和高温离解来吸收耗散声波的能量,但振动激发通常在 800 K 以上才比较明显,风洞实验原则上应该在高焓风洞中开展,并且若想取得较好的控制效果,需要注入大量重气体。若壁面吹吸气控制不当,则可能产生小激波、声波或其他扰动。

当前高超声速边界层转捩延迟控制技术多是针对第二模态失稳,小部分涉及横流失稳和第一模态失稳。然而,随着高超声速飞行器外形越来越复杂,边界层中常常同时存在横流失稳、流向涡失稳、第二模态、附着线失稳等多种不稳定模态[163]。因此,发展能够抑制多种不稳定模态的转捩控制技术将会是未来研究的热点,也是难点。同时,由于单一控制技术的有效工作范围有限,难以满足下一代高超声速飞行器大空域、宽速域的飞行要求,未来的研究可以考虑多种控制技术相结合,例如,利用微孔隙壁面与壁面冷却组合来控制第一模态和第二模态,利用微孔隙壁面与微吹吸组合来控制第一模态、第二模态和横流模态,利用烧蚀产生 CO_2,利用介质阻挡放电或射流产生"等效粗糙元"等。另外,还需适当考虑各种控制技术对感受性增长和瞬态增长的影响以及真实气体效应下的转捩控制[255, 256],目前这方面的研究相对较少。

参考文献

[1] Bushnell D M. Shock wave drag reduction[J]. Annual Review of Fluid Mechanics, 2004, 36(1): 81‒96.

[2] 罗振兵,夏智勋,王林,等.高超声速飞行器内外流主动流动控制[M].北京:科学出版社,2019.

[3] 黄伟,李世斌,颜力,等.空间任务飞行器减阻防热新方法及其应用[M].北京:科学出版社,2021.

[4] 瞿章华,曾明,刘伟,等.高超声速空气动力学[M].长沙:国防科技大学出版社,1999.

[5] 周恒,张涵信.有关近空间高超声速飞行器边界层转捩和湍流的两个问题[J].空气动力学学报,2017,35(2): 151‒155.

[6] 余平,段毅,尘军.高超声速飞行的若干气动问题[J].航空学报,2015,36(1): 7‒23.

[7] 王林.等离子体高能合成射流及其超声速流动控制机理研究[D].长沙:国防科学技术大学,2014.

[8] 周岩.新型等离子体合成射流及其激波控制特性研究[D].长沙:国防科技大学,2018.

[9] 张志波.多路放电等离子体合成射流激励器及其控制激波/附面层干扰的研究[D].西安:空军工程大学,2017.

[10] 王宏宇.等离子体合成射流控制激波/边界层干扰研究[D].西安:空军工程大学,2018.

[11] Huang W. A survey of drag and heat reduction in supersonic flows by a counterflowing jet and its combinations[J]. Journal of Zhejiang University: Science A, 2015, 16(7): 551‒561.

[12] Asif M, Zahir S, Kamran N, et al. Computational investigations aerodynamic forces at supersonic/hypersonic flow past a blunt body with various forward facing spikes[C]//22nd Applied Aerodynamics Conference and Exhibit, Providence, 2004.

[13] 李永红,高川,唐新武.激波针气动特性及外形参数优化研究[J].兵工学报,2016, 37(8): 1415‒1420.

[14] 姜维.高超声速飞行器减阻杆气动特性研究[D].长沙:国防科学技术大学,2012.

[15] 谢佐慰.三叉戟I型导弹的头部[J].国外导弹技术,1980,(6): 1‒15.

[16] 培强.三叉戟导弹的减阻空气锥[J].现代军事,1985,1: 23‒29.

[17] Ahmed M Y M, Qin N. Recent advances in the aerothermodynamics of spiked hypersonic vehicles[J]. Progress in Aerospace Sciences, 2011, 47(6): 425‒449.

[18] Huang W, Chen Z, Yan L, et al. Drag and heat flux reduction mechanism induced by the

spike and its combinations in supersonic flows: A review[J]. Progress in Aerospace Sciences, 2019, 105: 31 - 39.

[19] Schülein E. Shock-wave control by permeable wake generators[C]//5th Flow Control Conference, Chicago, 2010.

[20] 石继林,王殿恺.激光减阻机理研究进展[J].激光与红外,2021,51(7):827-835.

[21] 韩路阳,王斌,蒲亮,等.能量沉积减阻技术机理及相关问题研究进展[J].航空学报, 2022,43(9):026032.

[22] Knight D. Survey of aerodynamic drag reduction at high speed by energy deposition[J]. Journal of Propulsion and Power, 2008, 24(6): 1153 - 1167.

[23] Osuka T, Erdem E, Hasegawa N, et al. Laser energy deposition effectiveness on shock-wave boundary-layer interactions over cylinder-flare combinations[J]. Physics of Fluids, 2014, 26(9): 546 - 547.

[24] Ogino Y, Ohnishi N, Taguchi S, et al. Baroclinic vortex influence on wave drag reduction induced by pulse energy deposition[J].Physics of Fluids, 2009, 21(6): 066102.

[25] Joarder R, Padhi U P, Singh A P, et al. Two-dimensional numerical simulations on laser energy depositions in a supersonic flow over a semi-circular body[J]. International Journal of Heat and Mass Transfer, 2017, 105: 723 - 740.

[26] Joarder R. On the mechanism of wave drag reduction by concentrated laser energy deposition in supersonic flows over a blunt body[J]. Shock Waves, 2019, 29(4): 487 - 497.

[27] 王殿恺,文明,王伟东,等.脉冲激光与正激波相互作用过程和减阻机理的实验研究[J]. 力学学报,2018,50(6): 1337 - 1345.

[28] Hong Y J, Wang D K, Li Q, et al. Interaction of single-pulse laser energy with bow shock in hypersonic flow[J]. Chinese Journal of Aeronautics, 2014, 27(2): 241 - 247.

[29] Yu X J, Yan H. Parametric study of laser energy deposition in Mach 8 bow shock[J]. International Journal of Flow Control, 2012, 4(1-2): 19 - 28.

[30] Sasoh A, Sekiya Y, Sakaie T, et al. Drag reduction of blunt body in a supersonic flow with laser energy depositions[C]//47th AIAA Aerospace Sciences Meeting including the New Horizons Forum and Aerospace Exposition, Orlando, 2009.

[31] Finley P J. The flow of a jet from a body opposing a supersonic free stream[J]. Journal of Fluid Mechanics, 1966, 26(2): 337 - 368.

[32] Chen L W, Wang G L, Lu X Y. Numerical investigation of a jet from a blunt body opposing a supersonic flow[J]. Journal of Fluid Mechanics, 2011, 684(11): 85 - 110.

[33] Venkatachari B S, Ito Y, Cheng G, et al. Numerical investigation of the interaction of counterflowing jets and supersonic capsule flows[C]//42nd AIAA Thermophysics Conference, Honolulu, 2011.

[34] Guo J H, Lin G P, Bu X Q, et al. Sensitivity analysis of flowfield modeling parameters upon the flow structure and aerodynamics of an opposing jet over a hypersonic blunt body[J]. Chinese Journal of Aeronautics, 2020, 33(1): 161 - 175.

[35] Sharma K, Nair M T. Combination of counterflow jet and cavity for heat flux and drag reduction[J]. Physics of Fluids, 2020, 32(5): 056107.

[36] Farr R A, Chang C L, Jones J H, et al. On the comparison of the long penetration mode (LPM) supersonic counterflowing jet to the supersonic screech jet[C]//21st AIAA/CEAS Aeroacoustics Conference, Dallas, 201.

[37] Venkatachari B S, Cheng G, Chang C L, et al. Long penetration mode counterflowing jets for supersonic slender configurations—A numerical study[C]//31st AIAA Applied Aerodynamics Conference, San Diego, 2013.

[38] Deng F, Xie F, Huang W, et al. Numerical exploration on jet oscillation mechanism of counterflowing jet ahead of a hypersonic lifting-body vehicle[J]. Science China Technological Sciences, 2018, 61(7): 1056-1071.

[39] 王泽江,李杰,曾学军,等.逆向喷流对双锥导弹外形减阻特性的影响[J].航空学报, 2021,42(12):124116.

[40] 孙喜万.高超声速再入飞行器头部减阻防热方案设计与优化[D].长沙:国防科学技术大学,2016.

[41] Marley C D, Riggins D W. Numerical study of novel drag reduction techniques for hypersonic blunt bodies[J]. AIAA Journal, 2011, 49(9): 1871-1882.

[42] Sun X W, Guo Z Y, Huang W, et al. Drag and heat reduction mechanism induced by a combinational novel cavity and counterflowing jet concept in hypersonic flows[J]. Acta Astronautica, 2016, 126: 109-119.

[43] Wang S, Zhang W, Cai F J, et al. Uncertainty and sensitivity study on blunt body's drag and heat reduction with combination of spike and opposing jet[J]. Acta Astronautica, 2020, 167: 52-62.

[44] Huang J, Yao W X. Parameter study on drag and heat reduction of a novel combinational spiked blunt body and rear opposing jet concept in hypersonic flows[J]. International Journal of Heat and Mass Transfer, 2020, 150: 119236.

[45] Lu H B, Liu W Q. Investigation of thermal protection system by forward-facing cavity and opposing jet combinatorial configuration[J]. Chinese Journal of Aeronautics, 2013, 26(2): 287-293.

[46] Lu H B, Liu W Q. Research on thermal protection mechanism of forward-facing cavity and opposing jet combinatorial thermal protection system[J]. Heat and Mass Transfer, 2014, 50 (4): 449-456.

[47] Huang W, Yan L, Liu J, et al. Drag and heat reduction mechanism in the combinational opposing jet and acoustic cavity concept for hypersonic vehicles[J]. Aerospace Science and Technology, 2015, 42: 407-414.

[48] 耿云飞,于剑,孔维萱.一种无烧蚀自适应的减阻防热新方法研究[J].空气动力学学报, 2012,30(4):492-501,545.

[49] Liu Y F, Jiang Z L. Concept of non-ablative thermal protection system for hypersonic vehicles [J]. AIAA Journal, 2013, 51(3): 584-590.

[50] Khamooshi A, Taylor T, Riggins D W. Drag and heat transfer reductions in high-speed flows [J]. AIAA Journal, 2007, 45(10): 2401-2413.

[51] Ju S J, Sun Z X, Yang G W, et al. Parametric study on drag reduction with the combination

of the upstream energy deposition and the opposing jet configuration in supersonic flows[J].
Acta Astronautica, 2020, 171: 300 – 310.

[52] 陈懋章.粘性流体动力学基础[M].北京: 高等教育出版社,2002.

[53] Gad-el-Hak M. Flow Control. Passive, Active, and Reactive Flow Management[M].
Cambridge: Cambridge University Press, 2020.

[54] Duan L, Choudhari M. Effects of riblets on skin friction and heat transfer in high-speed
turbulent boundary layers[C]//50th AIAA Aerospace Sciences Meeting including the New
Horizons Forum and Aerospace Exposition,Nashville, 2012.

[55] White C M, Mungal M G. Mechanics and prediction of turbulent drag reduction with polymer
additives[J]. Annual Review of Fluid Mechanics, 2008, 40: 235 – 256.

[56] 许春晓.壁湍流相干结构和减阻控制机理[J].力学进展,2015,45: 111 – 140.

[57] Mathis R, Hutchins N, Marusic I. Large-scale amplitude modulation of the small-scale
structures in turbulent boundary layers[J]. Journal of Fluid Mechanics, 2009, 628:
311 – 337.

[58] Kasagi N, Suzuki Y, Fukagata K. Microelectromechanical systems-based feedback control of
turbulence for skin friction reduction[J]. Annual Review of Fluid Mechanics, 2009, 41:
231 – 251.

[59] Corke T C, Thomas F O. Active and passive turbulent boundary-layer drag reduction[J].
AIAA Journal, 2018, 56(10): 3835 – 3847.

[60] Ricco P, Skote M, Leschziner M A. A review of turbulent skin-friction drag reduction by
near-wall transverse forcing[J]. Progress in Aerospace Sciences, 2021, 123: 100713.

[61] Marusic I, Chandran D, Rouhi A, et al. An energy-efficient pathway to turbulent drag
reduction[J]. Nature Communications, 2021, 12: 5805.

[62] Abbas A, Bugeda G, Ferrer E, et al. Drag reduction via turbulent boundary layer flow control
[J]. Science China Technological Sciences, 2017, 60(9): 1281 – 1290.

[63] Kline S J, Reynolds W C, Schraub F A, et al. The structure of turbulent boundary layers
[J]. Journal of Fluid Mechanics, 1967, 30(4): 741 – 773.

[64] Hamilton J M, Kim J, Waleffe F. Regeneration mechanisms of near-wall turbulence
structures[J]. Journal of Fluid Mechanics, 1995, 287: 317 – 348.

[65] Liepmann H W. The rise and fall of ideas in turbulence[J]. American Scientist, 1979, 67:
221 – 228.

[66] Leschziner M A, Choi H, Choi K S. Flow-control approaches to drag reduction in
aerodynamics: progress and prospects[J]. Philosophical Transactions Series A, Mathematical,
Physical, and Engineering Sciences, 2011, 369(1940): 1349 – 1351.

[67] Bacher E V, Smith C R. Turbulent boundary-layer modification by surface riblets[J]. AIAA
Journal, 1986, 24(8): 1382 – 1385.

[68] Suzuki Y, Kasagi N. Turbulent drag reduction mechanism above a riblet surface[J]. AIAA
Journal, 1994, 32(9): 1781 – 1790.

[69] Choi H, Moin P, Kim J. Direct numerical simulation of turbulent flow over riblets[J].
Journal of Fluid Mechanics, 1993, 255: 503.

［70］ Lee S J, Lee S H. Flow field analysis of a turbulent boundary layer over a riblet surface［J］. Experiments in Fluids, 2001, 30(2): 153 – 166.

［71］ Robinson S K. Effects of riblets on turbulence in a supersonic boundary layer［C］// 6th Applied Aerodynamic Conference, Williamsburg, 1988.

［72］ Gaudet L. Properties of riblets at supersonic speed［J］. Applied Scientific Research, 1989, 46(3): 245 – 254.

［73］ Coustols E, Cousteix J. Performances of riblets in the supersonic regime［J］. AIAA Journal, 1994, 32(2): 431 – 433.

［74］ Duan L, Choudhari M M. Direct numerical simulations of high-speed turbulent boundary layers over riblets［C］//52nd Aerospace Sciences Meeting, National Harbor, 2014.

［75］ 陈哲.可压缩壁湍流减阻控制的数值研究［D］.北京：中国科学院大学,2016.

［76］ Zhou H, Li X L, Yu C P. Study on turbulence drag reduction of riblet plate in hypersonic turbulent flows［J］. International Journal of Modern Physics C, 2020, 31(3): 2050046.

［77］ Tomiyama N, Fukagata K. Direct numerical simulation of drag reduction in a turbulent channel flow using spanwise traveling wave-like wall deformation［J］. Physics of Fluids, 2013, 25: 105115.

［78］ Jung W J, Mangiavacchi N, Akhavan R. Suppression of turbulence in wall-bounded flows by high-frequency spanwise oscillations［J］. Physics of Fluids A: Fluid Dynamics, 1992, 4(8): 1605 – 1607.

［79］ Nakanishi R, Mamori H, Fukagata K. Relaminarization of turbulent flow using traveling wave-like wall deformation［J］. International Journal of Heat and Fluid Flow, 2012, 35: 152.

［80］ Quadrio M, Ricco P, Viotti C. Streamwise-travelling waves of spanwise wall velocity for turbulent drag reduction［J］. Journal of Fluid Mechanics, 2009, 627: 161 – 178.

［81］ Zhao H, Wu J Z, Luo J S. Turbulent drag reduction by traveling wave of flexible wall［J］. Fluid Dynamics Research, 2004, 34(3): 175 – 198.

［82］ Albers M, Meysonnat P S, Fernex D, et al. Drag reduction and energy saving by spanwise traveling transversal surface waves for flat plate flow［J］. Flow, Turbulence and Combustion, 2020, 105(1): 125 – 157.

［83］ Li W F, Roggenkamp D, Paakkari V, et al. Analysis of a drag reduced flat plate turbulent boundary layer via uniform momentum zones［J］. Aerospace Science and Technology, 2020, 96: 105552.

［84］ Viotti C, Quadrio M, Luchini P. Streamwise oscillation of spanwise velocity at the wall of a channel for turbulent drag reduction［J］. Physics of Fluids, 2009, 21, 115109.

［85］ Jukes T, Choi K S, Johnson G, et al. Turbulent drag reduction by surface plasma through spanwise flow oscillation［C］//3rd AIAA Flow Control Conference, San Francisco, 2006.

［86］ Altıntaş A, Davidson L, Peng S H. Direct numerical simulation of drag reduction by spanwise oscillating dielectric barrier discharge plasma force［J］. Physics of Fluids, 2020, 32(7): 075101.

［87］ Yao J, Hussain F. Supersonic turbulent boundary layer drag control using spanwise wall oscillation［J］. Journal of Fluid Mechanics, 2019, 880: 388 – 429.

[88] Ni W D, Lu L P, Ribault C, et al. Direct numerical simulation of supersonic turbulent boundary layer with spanwise wall oscillation[J]. Energies, 2016, 9(3): 154.

[89] Yao J, Chen X, Hussain F. Reynolds number effect on drag control via spanwise wall oscillation in turbulent channel flows[J]. Physics of Fluids, 2019, 31: 085108.

[90] Kravchenko A G, Choi H, Moin P. On the relation of near-wall streamwise vortices to wall skin friction in turbulent boundary layers[J]. Physics of Fluids A: Fluid Dynamics, 1993, 5(12): 3307 - 3309.

[91] Pamiès M, Garnier E, Merlen A. Response of a spatially developing turbulent boundary layer to active control strategies in the framework of opposition control[J]. Physics of Fluids, 2007, 19: 108102.

[92] Garicano-Mena J, Li B, Ferrer E, et al. A composite dynamic mode decomposition analysis of turbulent channel flows[J]. Physics of Fluids, 2019, 31: 115102.

[93] Wang Y S, Huang W X, Xu C X. Active control for drag reduction in turbulent channel flow: The opposition control schemes revisited[J]. Fluid Dynamics Research, 2016, 48(5): 055501.

[94] Choi H, Moin P, Kim J. Active turbulence control for drag reduction in wall-bounded flows[J]. Journal of Fluid Mechanics, 1994, 262: 75 - 110.

[95] Kim J, Kim K, Sung H J. Wall pressure fluctuations in a turbulent boundary layer after blowing or suction[J]. AIAA Journal, 2003, 41(9): 1697 - 1704.

[96] Chung Y M, Talha T. Effectiveness of active flow control for turbulent skin friction drag reduction[J]. Physics of Fluids, 2011, 23(2): 25102 - 25102 - 10.

[97] Krogstad P Å, Kourakine A. Some effects of localized injection on the turbulence structure in a boundary layer[J]. Physics of Fluids, 2000, 12(11): 2990 - 2999.

[98] Fukagata K, Iwamoto K, Kasagi N. Contribution of Reynolds stress distribution to the skin friction in wall-bounded flows[J]. Physics of Fluids, 2002, 14(11): L73 - L76.

[99] Kametani Y, Fukagata K, Örlü R, et al. Effect of uniform blowing/suction in a turbulent boundary layer at moderate Reynolds number[J]. International Journal of Heat and Fluid Flow, 2015, 55: 132 - 142.

[100] Hasanuzzaman G, Merbold S, Cuvier C, et al. Experimental investigation of turbulent boundary layers at high Reynolds number with uniform blowing, part I: Statistics[J]. Journal of Turbulence, 2020, 21(3): 129 - 165.

[101] Yukinori K, Ayane K, Foji F, et al. Drag reduction capability of uniform blowing in supersonic wall-bounded turbulent flows[J]. Physical Review Fluids, 2017, 2: 123904.

[102] Chen Z, Yu C P, Li L, et al. Effect of uniform blowing or suction on hypersonic spatially developing turbulent boundary layers[J]. Science China Physics, Mechanics & Astronomy, 2016, 59(6): 664702.

[103] Kornilov V I. Current state and prospects of researches on the control of turbulent boundary layer by air blowing[J]. Progress in Aerospace Sciences, 2015, 76: 1 - 23.

[104] Hopkins E J, Inouye M. An evaluation of theories for predicting turbulent skin friction and heat transfer on flat plates at supersonic and hypersonic Mach numbers[J]. AIAA Journal,

1971, 9(6): 993 – 1003.

[105] Sommer S C, Short B J. Free-flight measurements of turbulent boundary-layer skin-friction in the presence of severe aerodynamic heating at Mach numbers from 2.8 to 7.0[J]. Journal of Aeronautics Science, 1956, 23(6): 536 – 542.

[106] Spalding D B, Chi S W. The drag of a compressible turbulent boundary layer on a smooth flat plate with and without heat transfer[J]. Journal of Fluid Mechanics, 1964, 18(1): 117 – 143.

[107] Laderman A J. Effect of wall temperature on a supersonic turbulent boundary layer[J]. AIAA Journal, 1978, 16(7): 723 – 729.

[108] Shahab M F, Lehnasch G, Gatski T B, et al. DNS of a spatially developing, supersonic turbulent boundary layer flow over a cooled wall[C]//International Conference of Heat and Mass Transfer, Rome, 2009.

[109] Shahab M F, Lehnasch G, Gatski T B, et al. Statistical characteristics of an isothermal, supersonic developing boundary layer flow from DNS data[J]. Flow, Turbulence and Combustion, 2011, 86(3): 369 – 397.

[110] Duan L, Beekman I, Martín M P. Direct numerical simulation of hypersonic turbulent boundary layers. Part 2. Effect of wall temperature[J]. Journal of Fluid Mechanics, 2010, 655: 419 – 445.

[111] Chu Y B, Zhuang Y Q, Lu X Y. Effect of wall temperature on hypersonic turbulent boundary layer[J]. Journal of Turbulence, 2013, 14(12): 37 – 57.

[112] Hadjadj A, Ben-Nasr O, Shadloo M S, et al. Effect of wall temperature in supersonic turbulent boundary layers: A numerical study[J]. International Journal of Heat and Mass Transfer, 2015, 81: 426 – 438.

[113] Shadloo M S, Hadjaj A, Hussain F. Statistical behavior of supersonic turbulent boundary layers with heat transfer at $M_\infty = 2$[J]. International Journal of Heat and Fluid Flow, 2015, 53: 113 – 134.

[114] Sharma S, Shadloo M S, Hadjadj A. Turbulent flow topology in supersonic boundary layer with wall heat transfer[J]. International Journal of Heat and Fluid Flow, 2019, 78: 108430.

[115] Huang J J, Nicholson G L, Duan L, et al. Simulation and modeling of cold-wall hypersonic turbulent boundary layers on flat plate[C]//AIAA Scitech 2020 Forum, Orlando, 2020.

[116] Liang X, Li X L. Direct numerical simulation on Mach number and wall temperature effects in the turbulent flows of flat-plate boundary layer[J]. Communications in Computational Physics, 2015, 17(1): 189 – 212.

[117] Li X, Tong F L, Yu C P, et al. Correlation between density and temperature fluctuations of hypersonic turbulent boundary layers at $Ma_\infty = 8$[J]. AIP Advances, 2020, 10: 075101.

[118] Xu D H, Wang J C, Wan M P, et al. Compressibility effect in hypersonic boundary layer with isothermal wall condition[J]. Physical Review Fluids, 2021, 6(5): 054609.

[119] Kametani Y, Fukagata K. Direct numerical simulation of spatially developing turbulent boundary layer for skin friction drag reduction by wall surface-heating or cooling[J]. Journal

of Turbulence, 2012, 13: 1 – 20.

[120] El-Samni O A, Yoon H S, Chun H H. Direct numerical simulation of turbulent flow in a vertical channel with buoyancy orthogonal to mean flow[J]. International Journal of Heat and Mass Transfer, 2005, 48(7): 1267 – 1282.

[121] Yoon H S, EI-Samni O A, Chun H H. Drag reduction in turbulent channel flow with periodically arrayed heating and cooling strips[J]. Physics of Fluids, 2006, 18: 025104.

[122] Floryan D, Floryan J. Drag reduction in heated channels[J]. Journal of Fluid Mechanics, 2015, 765: 353 – 395.

[123] Hossain M Z, Floryan J M. Drag reduction in a thermally modulated channel[J]. Journal of Fluid Mechanics, 2016, 791: 122 – 153.

[124] Floryan J M, Shadman S, Hossain M Z. Heating-induced drag reduction in relative movement of parallel plates[J]. Physical Review Fluids, 2018, 3(9): 094101.

[125] Inasawa A, Taneda K, Floryan J M. Experiments on flows in channels with spatially distributed heating[J]. Journal of Fluid Mechanics, 2019, 872: 177 – 197.

[126] Zhang Z, Tao Y, Xiong N, et al. The effect of wall temperature distribution on streaks in compressible turbulent boundary layer[J]. Modern Physics Letters B, 2018, 32(12 – 13): 1840051.

[127] Hickey J P, Younes K, Yao M X, et al. Targeted turbulent structure control in wall-bounded flows via localized heating[J]. Physics of Fluids, 2020, 32(3): 035104.

[128] Wassen E, Kramer F, Thiele F, et al. Turbulent drag reduction by oscillating riblets[C]// 4th AIAA Flow Control Conference, Seattle, 2008.

[129] Kramer F, Thiele F, Wassen E. DNS of oscillating riblets for turbulent drag reduction [C]//6th International Symposium on Turbulence and Shear Flow Phenomena, Seoul, 2009.

[130] Meysonnat P S, Albers M, Roidl B, et al. Friction drag reduction by transversal spanwise traveling waves of ribbed surfaces[C]//Notes on Numerical Fluid Mechanics and Multidisciplinary Design, Braunschweig, 2019.

[131] Hossain M Z, Floryan J M. On the role of surface grooves in the reduction of pressure losses in heated channels[J]. Physics of Fluids, 2020, 32(8): 083610.

[132] Xie L, Zheng Y, Zhang Y, et al. Effects of localized micro-blowing on a spatially developing flat turbulent boundary layer[J]. Flow, Turbulence and Combustion, 2021, 107 (1): 51 – 79.

[133] Abderrahaman-Elena N, Carcía-Mayoral R. Analysis of anisotropically permeable surfaces for turbulent drag reduction[J]. Physical Review Fluids, 2017, 2: 114609.

[134] Chung D, Hutchins N, Schultz M P, et al. Predicting the drag of rough surfaces[J]. Annual Review of Fluid Mechanics, 2021, 53: 439 – 471.

[135] Mahfoze O, Laizet S. Skin-friction drag reduction in a channel flow with streamwise-aligned plasma actuators[J]. International Journal of Heat and Fluid Flow, 2017, 66: 83 – 94.

[136] Noguchi D, Fukagata K, Tokugawa N. Friction drag reduction of a spatially developing boundary layer using a combined uniform suction and blowing[J]. Journal of Fluid Science

and Technology, 2016, 11(1): 1 – 12.

[137] Brunton S L, Noack B R, Koumoutsakos P. Machine learning for fluid mechanics[J]. Annual Review of Fluid Mechanics, 2020, 52: 477 – 508.

[138] Li Z X, Dang X X, Lv P Y, et al. Blowing-only opposition control: Characteristics of turbulent drag reduction and implementation by deep learning[J]. AIP Advances, 2021, 11: 035016.

[139] Park J, Choi H. Machine-learning-based feedback control for drag reduction in a turbulent channel flow[J]. Journal of Fluid Mechanics, 2020, 904: A24.

[140] Han B Z, Huang W X. Active control for drag reduction of turbulent channel flow based on convolutional neural networks[J]. Physics of Fluids, 2020, 32(9): 095108.

[141] Fernex D, Semaan R, Albers M, et al. Actuation response model from sparse data for wall turbulence drag reduction[J]. Physical Review Fluids, 2020, 5(7): 073901.

[142] Bertin J J, Cummings R M. Critical hypersonic aerothermodynamic phenomena[J]. Annual Review of Fluid Mechanics, 2006, 38: 129 – 157.

[143] Whitehead A. NASP aerodynamics[C]//AIAA First Hational Aero-Space Plane Conference, Dayton, 1989.

[144] Schneider S P. Developing mechanism-based methods for estimating hypersonic boundary-layer transition in flight: The role of quiet tunnels[J]. Progress in Aerospace Sciences, 2015, 72: 17 – 29.

[145] 罗纪生.高超声速边界层的转捩及预测[J].航空学报,2015,36(1): 357 – 372.

[146] 陈坚强,涂国华,张毅锋,等.高超声速边界层转捩研究现状与发展趋势[J].空气动力学学报,2017,35(3): 311 – 337.

[147] 陈坚强,袁先旭,涂国华,等.高超声速边界层转捩的几点认识[J].中国科学: 物理学 力学 天文学,2019,49(11): 125 – 138.

[148] 杨武兵,沈清,朱德华,等.高超声速边界层转捩研究现状与趋势[J].空气动力学学报,2018,36(2): 183 – 195.

[149] 苏彩虹.高超声速边界层转捩预测中的关键科学问题: 感受性、扰动演化及转捩判据研究进展[J].空气动力学学报,2020,38(2): 355 – 367.

[150] Lee C B, Jiang X Y. Flow structures in transitional and turbulent boundary layers[J]. Physics of Fluids, 2019, 31(11): 111301.

[151] Lee C B, Chen S Y. Recent progress in the study of transition in the hypersonic boundary layer[J]. National Science Review, 2019, 6(1): 155 – 170.

[152] Zhu Y D, Lee C B, Chen X, et al. Newly identified principle for aerodynamic heating in hypersonic flows[J]. Journal of Fluid Mechanics, 2018, 855: 152 – 180.

[153] Zhu Y D, Gu D W, Zhu W K, et al. Dilatational-wave-induced aerodynamic cooling in transitional hypersonic boundary layers[J]. Journal of Fluid Mechanics, 2021, 911: A36.

[154] 易仕和,刘小林,陆小革,等.NPLS 技术在高超声速边界层转捩研究中的应用[J].空气动力学学报,2020,38(2): 348 – 354,378.

[155] 段毅,姚世勇,李思怡,等.高超声速边界层转捩的若干问题及工程应用研究进展综述[J].空气动力学学报,2020,38(2): 391 – 403.

［156］ 李志文,袁海涛,黄斌,等.从总体设计角度透视高超声速飞行器边界层转捩问题［J］.
空气动力学学报,2021,39(4)：26－38.

［157］ Mack L M. Boundary-layer stability theory. Special course on stability and transition of
laminar flow (ed. R. Michel)［R］. Pasadena：Jet Propulsion Laboratory California Institute
of Technology, 1984.

［158］ Zhao R, Wen C Y, Zhou Y, et al. Review of acoustic metasurfaces for hypersonic boundary
layer stabilization［J］. Progress in Aerospace Sciences, 2022, 130：100808.

［159］ Liu X L, Yi S H, Xu X W, et al. Experimental study of second-mode wave on a flared cone
at Mach 6［J］. Physics of Fluids, 2020, 31：074108.

［160］ 徐国亮,符松.可压缩横流失稳及其控制［J］.力学进展,2012,42(3)：262－273.

［161］ 任杰.高超声速边界层 Görtler 涡二次失稳和转捩控制研究［D］.北京：清华大学,2015.

［162］ 陈曦.高超声速边界层转捩问题研究［D］.北京：北京大学,2018.

［163］ 陈坚强,涂国华,万兵兵,等.HyTRV 流场特征与边界层稳定性特征分析［J］.航空学报,
2021,42(6)：124317.

［164］ Kimmel R. Aspects of hypersonic boundary layer transition control［C］//41st Aerospace
Sciences Meeting and Exhibit, Reno, 2003.

［165］ 董昊,刘是成,程克明.粗糙元对高超声速边界层转捩影响的研究进展［J］.实验流体力
学,2018,32(6)：1－15.

［166］ Schneider S P. Effects of roughness on hypersonic boundary-layer transition［J］. Journal of
Spacecraft and Rockets, 2008, 45(2)：193－209.

［167］ Sterrett J R, Holloway P F. Effects of controlled roughness on boundary-layer transition at a
Mach number of 6［J］. AIAA Journal, 1951, 1(8)：1951－1953.

［168］ Holloway P F, Sterrett J R. Effect of controlled surface roughness on boundary-layer
transition and heat transfer at mach numbers of 4.8 and 6.0［R］. Washington D. C.：
National Aeronautics and Space Administration, 1964.

［169］ Fedorov A. Transition and stability of high-speed boundary layers［J］. Annual Review of
Fluid Mechanics, 2011, 43：79－95.

［170］ Marxen O, Iaccarino G, Shaqfeh E S G. Disturbance evolution in a Mach 4.8 boundary layer
with two-dimensional roughness-induced separation and shock［J］. Journal of Fluid
Mechanics, 2010, 648：435－469.

［171］ Duan L, Wang X W, Zhong X L. A high-order cut-cell method for numerical simulation of
hypersonic boundary-layer instability with surface roughness［J］. Journal of Computational
Physics, 2010, 229(19)：7207－7237.

［172］ Duan L, Wang X W, Zhong X L. Stabilization of a Mach 5.92 boundary layer by two-
dimensional finite-height roughness［J］. AIAA Journal, 2013, 51(1)：266－270.

［173］ Zhong X L, Wang X W. Direct numerical simulation on the receptivity, instability, and
transition of hypersonic boundary layers［J］. Annual Review of Fluid Mechanics, 2012, 44：
527－561.

［174］ Fong K D, Wang X W, Zhong X L. Numerical simulation of roughness effect on the stability
of a hypersonic boundary layer［J］. Computers & Fluids, 2014, 96：350－367.

[175] Fong K D, Zhong X L. DNS and PSE study on the stabilization effect of hypersonic boundary layer waves using 2 - D surface roughness[C]//46th AIAA Fluid Dynamics Conference, Washington D.C., 2016.

[176] 李慧.单个粗糙元对可压缩平板边界层稳定性影响的研究[D].天津：天津大学,2014.

[177] Bagheri S, Hanifi A. The stabilizing effect of streaks on Tollmien-Schlichting and oblique waves: a parametric study[J]. Physics of Fluids, 2007, 19(7): 78103 - 78103 - 4.

[178] Paredes P, Choudhari M M, Li F. Transition delay in hypersonic boundary layers via optimal perturbations[R]. Hampton: Langley Research Center, 2016.

[179] Fransson J H M, Talamelli A, Brandt L, et al. Delaying transition to turbulence by a passive mechanism[J]. Physical Review Letters, 2006, 96(6): 064501.

[180] Ren J, Fu S, Hanifi A. Stabilization of the hypersonic boundary layer by finite-amplitude streaks[J]. Physics of Fluids, 2016, 28: 024110.

[181] Paredes P, Choudhari M, Li F. Transition delay via Vortex generators in a hypersonic boundary layer at flight conditions[C]//2018 Fluid Dynamics Conference, Atlanta, 2018.

[182] Paredes P, Choudhari M, Li F. Instability wave-streak interactions in a high Mach number boundary layer at flight conditions[J]. Journal of Fluid Mechanics, 2019, 858: 474 - 499.

[183] Saric W, Carrillo R Jr, Reibert M. Leading-edge roughness as a transition control mechanism[C]//36th AIAA Aerospace Sciences Meeting and Exhibit, Reno, 1998.

[184] Reed H, Saric W. Supersonic laminar flow control on swept wings using distributed roughness[C]//40th AIAA Aerospace Sciences Meeting & Exhibit, Reno, 2002.

[185] Rizzetta D P, Visbal M R, Reed H L, et al. Direct numerical simulation of discrete roughness on a swept-wing leading edge[J]. AIAA Journal, 2010, 48(11): 2660 - 2673.

[186] Schuele C Y, Corke T C, Matlis E. Control of stationary cross-flow modes in a Mach 3.5 boundary layer using patterned passive and active roughness[J]. Journal of Fluid Mechanics, 2013, 718: 5 - 38.

[187] Corke T, Arndt A, Matlis E, et al. Control of stationary cross-flow modes in a Mach 6 boundary layer using patterned roughness[J]. Journal of Fluid Mechanics, 2018, 856: 822 - 849.

[188] Owens L R, Beeler G B, Balakumar P, et al. Flow disturbance and surface roughness effects on cross-flow boundary-layer transition in supersonic flows[C]//44th AIAA Fluid Dynamics Conference, Atlanta, 2014.

[189] Saric W S, West D E, Tufts M W, et al. Experiments on discrete roughness element technology for swept-wing laminar flow control[J]. AIAA Journal, 2019, 57 (2): 641 - 654.

[190] Chapter A L. In-flight receptivity experiments on a 30 - degree swept-wing using micro-sized discrete roughness elements[D]. College Station: Texas A & M university, 2009.

[191] Lees L, Gold H. Stability of laminar boundary layers and wakes at hypersonic speeds. Part 1 stability of laminar wakes[C]//Proceedings of the International Symposium on Fundamental Phenomena in Hypersonic Flows, Ithaca: Cornell University Press, 1966.

[192] Lysenko V I. Experimental studies of stability and transition in high-speed wakes[J].

Journal of Fluid Mechanics, 1999, 392: 1 – 26.

[193] Fujii K. Experiment of the two-dimensional roughness effect on hypersonic boundary-layer transition[J]. Journal of Spacecraft and Rockets, 2006, 43(4): 731 – 738.

[194] Novikov A, Egorov I, Fedorov A. Direct numerical simulation of supersonic boundary layer stabilization using grooved wavy surface[C]//48th AIAA Aerospace Sciences Meeting Including the New Horizons Forum and Aerospace Exposition, Orlando, 2010.

[195] Bountin D, Chimitov T, Maslov A, et al. Stabilization of a hypersonic boundary layer using a wavy surface[J]. AIAA Journal, 2013, 51(5): 1203 – 1210.

[196] Zhou Y L, Liu W, Chai Z X, et al. Numerical simulation of wavy surface effect on the stability of a hypersonic boundary layer[J]. Acta Astronautica, 2017, 140: 485 – 496.

[197] Si W F, Huang G L, Zhu Y D, et al. Hypersonic aerodynamic heating over a flared cone with wavy wall[J]. Physics of Fluids, 2019, 31(5): 051702.

[198] Zhu W K, Shi M T, Zhu Y D, et al. Experimental study of hypersonic boundary layer transition on a permeable wall of a flared cone[J]. Physics of Fluids, 2020, 32: 011701.

[199] Malmuth N, Fedorov A, Shalaev V, et al. Problems in high-speed flow prediction relevant to control[C]//2nd AIAA Theoretical Fluid Mechanics Meeting, Albuquerque, 1998.

[200] Fedorov A V, Malmuth N D, Rasheed A, et al. Stabilization of hypersonic boundary layers by porous coatings[J]. AIAA Journal, 2001, 39(4): 605 – 610.

[201] Fedorov A, Shiplyuk A, Maslov A, et al. Stabilization of a hypersonic boundary layer using an ultrasonically absorptive coating[J]. Journal of Fluid Mechanics, 2003, 479: 99 – 124.

[202] Chokani N, Bountin D A, Shiplyuk A N, et al. Nonlinear aspects of hypersonic boundary-layer stability on a porous surface[J]. AIAA Journal, 2005, 43(1): 149 – 155.

[203] Sandham N, Luedeke H. A numerical study of Mach 6 boundary layer stabilization by means of a porous surface[C]//47th AIAA Aerospace Sciences Meeting including the New Horizons Forum and Aerospace Exposition, Orlando, 2009.

[204] de Tullio N, Sandham N D. Direct numerical simulation of breakdown to turbulence in a Mach 6 boundary layer over a porous surface[J]. Physics of Fluids, 2010, 22: 094105.

[205] Brès G A, Inkman M, Colonius T, et al. Second-mode attenuation and cancellation by porous coatings in a high-speed boundary layer[J]. Journal of Fluid Mechanics, 2013, 726: 312 – 337.

[206] Tritarelli R C, Lele S K, Fedorov A. Stabilization of a hypersonic boundary layer using a felt-metal porous coating[J]. Journal of Fluid Mechanics, 2015, 769: 729 – 739.

[207] Lukashevich S V, Morozov S O, Shiplyuk A N. Experimental study of the effect of a passive porous coating on disturbances in a hypersonic boundary layer 1. Effect of the porous coating length[J]. Journal of Applied Mechanics and Technical Physics, 2013, 54(4): 572 – 577.

[208] Lukashevich S V, Morozov S O, Shiplyuk A N. Experimental study of the effect of a passive porous coating on disturbances in a hypersonic boundary layer 2. Effect of the porous coating location[J]. Journal of Applied Mechanics and Technical Physics, 2016, 57(5): 873 – 878.

[209] Lukashevich S V, Morozov S O, Shiplyuk A N. Passive porous coating effect on a

hypersonic boundary layer on a sharp cone at small angle of attack[J]. Experiments in Fluids, 2018, 59(8): 130.

[210] Sousa V C B, Patel D, Chapelier J B, et al. Numerical investigation of second-mode attenuation over carbon/carbon porous surfaces[J]. Journal of Spacecraft and Rockets, 2019, 56(2): 319-332.

[211] Scalo C, Sousa V, Bose R. Numerical investigation of hypersonic turbulence transition control via complex wall impedance[C]//AIAA Scitech 2019 Forum, San Diego, 2019.

[212] Fievet R, Deniau H, Brazier J P, et al. Numerical study of hypersonic boundary-layer transition delay through second-mode absorption[C]//AIAA Scitech 2020 Forum, Orlando, 2020.

[213] Maslov A A. Experimental and theoretical studies of hypersonic laminar flow control using ultrasonically absorptive coatings (UAC)[C]//International Science and Technology, Moscow, 2003.

[214] Wang X W, Zhong X L. Numerical Simulations on mode S growth over feltmetal and regular porous coatings of a Mach 5.92 flow[C]//49th AIAA Aerospace Sciences Meeting including the New Horizons Forum and Aerospace Exposition, Orlando, 2011.

[215] Wagner A, Kuhn M, Martinez Schramm J, et al. Experiments on passive hypersonic boundary layer control using ultrasonically absorptive carbon-carbon material with random microstructure[J]. Experiments in Fluids, 2013, 54(10): 1606.

[216] 朱德华,刘智勇,袁湘江.多孔表面推迟高超声速边界层转捩的机理[J].计算物理, 2016,33(2): 163-169.

[217] 涂国华,陈坚强,袁先旭,等.多孔表面抑制第二模态失稳的最优开孔率和孔半径分析[J].空气动力学学报,2018,36(2): 273-278.

[218] Zhao R, Liu T, Wen C Y, et al. Theoretical modeling and optimization of porous coating for hypersonic laminar flow control[J]. AIAA Journal, 2018, 56(8): 2942-2946.

[219] Zhao R, Zhang X X, Wen C Y. Theoretical modeling of porous coatings with simple microstructures for hypersonic boundary-layer stabilization[J]. AIAA Journal, 2020, 58 (2): 981-986.

[220] Tian X D, Zhao R, Long T H, et al. Reverse design of ultrasonic absorptive coating for the stabilization of Mack modes[J]. AIAA Journal, 2019, 57(6): 2264-2269.

[221] Zhao R, Liu T, Wen C Y, et al. Impedance-near-zero acoustic metasurface for hypersonic boundary-layer flow stabilization[J]. Physical Review Applied, 2019, 11(4): 044015.

[222] 赵瑞,严昊,席柯,等.声学超表面抑制第一模态研究[J].航空科学技术,2020,31(11): 104-112.

[223] Zhu W K, Chen X, Zhu Y D, et al. Nonlinear interactions in the hypersonic boundary layer on the permeable wall[J]. Physics of Fluids, 2020, 32, 104110.

[224] Long T H, Dong Y, Zhao R, et al. Mechanism of stabilization of porous coatings on unstable supersonic mode in hypersonic boundary layers[J]. Physics of Fluids, 2021, 33 (5): 054105.

[225] Xu J K, Liu J X, Mughal S, et al. Secondary instability of Mack mode disturbances in

hypersonic boundary layers over micro-porous surface[J]. Physics of Fluids, 2020, 32: 044105.

[226] 郭启龙,涂国华,陈坚强,等.横向矩形微槽对高超边界层失稳的控制作用[J].航空动力学报,2020,35(1): 135－143.

[227] Adam P H, Hornung H G. Enthalpy effects on hypervelocity boundary-layer transition: Ground test and flight data[J]. Journal of Spacecraft and Rockets, 1997, 34(5): 614－619.

[228] Malik M R. Prediction and control of transition in supersonic and hypersonic boundary layers [J]. AIAA Journal, 1989, 27(11): 1487－1493.

[229] 赵耕夫.超音速/高超音速三维边界层的层流控制[J].力学学报,2001,33(4): 519－524.

[230] Kazakov A V, Kogan M N. Stability of subsonic laminar boundary layer on a flat plate with volume energy supply[J]. Fluid Dynamics, 1988, 32(2): 211－215.

[231] Soudakov V G, Fedorov A V, Egorov I V. Stability of high-speed boundary layer on a sharp cone with localized wall heating or cooling[J]. Progress in Flight Physics, 2015, 7: 569－584.

[232] Fedorov A, Soudakov V, Egorov I, et al. High-speed boundary-layer stability on a cone with localized wall heating or cooling[J]. AIAA Journal, 2015, 53(9): 2512－2524.

[233] Zhao R, Wen C Y, Tian X D, et al. Numerical simulation of local wall heating and cooling effect on the stability of a hypersonic boundary layer[J]. International Journal of Heat and Mass Transfer, 2018, 121: 986－998.

[234] Fedorov A V, Ryzhov A A, Soudakov V G, et al. Numerical simulation of the effect of local volume energy supply on high-speed boundary layer stability[J]. Computers & Fluids, 2014, 100: 130－137.

[235] Germain P. The boundary layer on a sharp cone in high-enthalphy flow[D]. Pasadena: California Institute of Technology, 1993.

[236] Hornung H G, Adam P H, Germain P, et al. On transition and transition control in hypervelocity flows[C]//Proceedings of the Ninth Asian congress of Fluid Mechanics, Isfahan, 2002.

[237] Leyva I A, Laurence S, Beierholm A W K, et al. Transition delay in hypersonic boundary layers by means of CO_2/acoustic instability interactions[C]//47th AIAA Aerospace Sciences Meeting including the Horizons Forum and Aerospace Exposition, Orlando, 2009.

[238] Leyva I, Jewell J, Laurence S, et al. On the impact of injection schemes on transition in hypersonic boundary layers[C]//6th AIAA/DCR/DGLR International Spaces Planes and Hypersonic Systems and Technologies Conference, Bremen, 2009.

[239] Jewell J, Wagnild R, Leyva I, et al. Transition within a hypervelocity boundary layer on a 5－degree half-angle cone in air-CO_2 mixtures[C]//51st AIAA Aerospace Sciences Meeting including the New Horitons Forum and Aerospace Exposition, Grapevine, 2013.

[240] Fedorov A V, Soudakov V, Leyva I A. Stability analysis of high-speed boundary-layer flow with gas injection[C]//7th AIAA Theoretical Fluid Mechanics Conference, Atlanta, 2014.

[241] Lysenko V I, Gaponov S A, Smorodsky B V, et al. Influence of distributed heavy-gas injection on stability and transition of supersonic boundary-layer flow[J]. Physics of Fluids, 2019, 31: 104103.

[242] Gaponov S A, Smorodsky B V. Control of supersonic boundary layer and its stability by means of foreign gas injection through the porous wall[J]. International Journal of Theoretical and Applied Mechanics, 2016, 1: 97－103.

[243] Gaponov S A, Ermolaev Y G, Zubkov N N, et al. Investigation of the effect of heavy gas injection into a supersonic boundary layer on laminar-turbulent transition[J]. Fluid Dynamics, 2017, 52(6): 769－776.

[244] Lysenko V I, Gaponov S A, Smorodsky B V, et al. Influence of surface sublimation on the stability of the supersonic boundary layer and the laminar-turbulent transition[J]. Physics of Fluids, 2021, 33(2): 024101.

[245] Miró Miró F, Pinna F. Injection-gas-composition effects on hypersonic boundary-layer transition[J]. Journal of Fluid Mechanics, 2020, 890: R4.

[246] Liu J X, Xu J K, Wang C, et al. Pressure gradient effects on the secondary instability of Mack mode disturbances in hypersonic boundary layers[J]. Physics of Fluids, 2021, 33: 014109.

[247] Craig S A, Humble R, Hofferth J W, et al. Flow-field characterization of DBD plasma actuators as discrete roughness elements for laminar flow control[C]//64th Annual Meeting of the APS Division of Fluid Dynamics, Baltimore, 2011.

[248] Wang Z F, Wang L, Fu S. Sensitivity analysis of crossflow boundary layer and transition delay using plasma actuator[C]//8th AIAA Flow Control Conference, Washington D. C., 2016.

[249] Yates H B, Matlis E H, Juliano T J, et al. Plasma-actuated flow control of hypersonic crossflow-induced boundary-layer transition[J]. AIAA Journal, 2020, 58(5): 2093－2108.

[250] Miró Miró F, Dehairs P, Pinna F, et al. Effect of wall blowing on hypersonic boundary-layer transition[J]. AIAA Journal, 2019, 57(4): 1567－1578.

[251] Kudryavtsev A, Khotyanovsky D. Linear stability of supersonic boundary layer over a cooled porous surface[J]. Journal of Physics: Conference Series, 2019, 1404(1): 012114.

[252] Wang X W, Zhong X L, Ma Y B. Response of a hypersonic boundary layer to wall blowing-suction[J]. AIAA Journal, 2011, 49(7): 1336－1353.

[253] Wang S Z, Lei J M, Zhen H P, et al. Numerical investigation of wall cooling and suction effects on supersonic flat-plate boundary layer transition using large eddy simulation[J]. Advances in Mechanical Engineering, 2015, 7(2): 493194.

[254] Wang X W, Lallande D. Hypersonic boundary-layer stabilization using steady blowing and suction: effect of forcing location[C]//AIAA Scitech 2020 Forum, Orlando, 2020.

[255] Kumar C, Prakash A. Secondary subharmonic instability of hypersonic boundary layer in thermochemical equilibrium over a flat plate[J]. Physics of Fluids, 2021, 33(2): 024107.

[256] Chen X L, Wang L, Fu S. Parabolized stability analysis of hypersonic thermal-chemical nonequilibrium boundary-layer flows[J]. AIAA Journal, 2021, 59(7): 2382－2395.

第 2 章

逆向等离子体合成射流减阻特性数值模拟研究

在以往的大多数研究中,PSJ 通常用作横向射流。实际上,逆向布置有利于等离子体合成射流激励器(plasma synthetic jet actuator, PSJA)性能的提高。例如,由于来流滞止,逆向 PSJA 的腔体压力会高于横向布置的 PSJA,并且吸气复原过程会更快。逆向 PSJA 可以看作逆向喷流与迎风凹腔的组合,并且也是一种能量沉积技术。不同之处在于,与高压气源产生的定常逆向喷流相比,逆向 PSJ 是一种无需气源的脉冲等离子体热射流。Wang 等[1]和陈加政等[2]最近开展了一些与钝头体逆向 PSJ 有关的工作。Wang 等[1]提出了一种基于逆向 PSJ 的控制策略,以提高对斜劈诱导超声速分离的控制效果,在他们的工作中还没有考虑将逆向 PSJ 用于减阻。此外,实验中相对较低的放电能量产生的 PSJ 也不足以对钝头体产生明显的减阻效果。陈加政等[2]采用数值方法对逆向 PSJ 减阻效果进行了初步研究,并取得了 6.3% 的平均减阻效果。周岩[3]通过风洞实验初步得到了逆向 PSJ 流场纹影图,并采用 200B02 冲击力传感器测量逆向 PSJ 作用下半球体阻力的变化,传感器测量得到了一定的减阻效果。然而,目前该传感器阻力测量结果缺少验证,并且阻力测量结果与流场变化结果存在一定差异,如激波脱体距离变化时间及减阻持续时间存在较大差异,因此采用可靠的数值模拟方法对逆向 PSJ 阻力变化结果进行计算是必要的。此外,通过纹影图像得到的逆向 PSJ 流场细节有限,这也更加凸显了采用可靠数值方法的重要性。

本章主要采用数值模拟方法研究了单脉冲逆向 PSJ 在 $Ma3$ 超声速来流中对半球体的减阻效果。首先,通过将数值模拟结果与周岩风洞实验结果[3]进行对比,验证了模拟方法的可行性,然后对逆向 PSJ 的流场特性及减阻机理进行分析,最后详细分析影响逆向 PSJ 减阻的参数,并研究出口直径、出口长度、放电能量、来流马赫数、来流静压和来流攻角对逆向 PSJ 减阻效果的影响。

2.1 数值模拟设置

逆向 PSJ 的数值模拟分为定常模拟和非定常模拟,定常模拟的目的是获得未施加 PSJ 控制时的稳定流场,非定常模拟是在定常模拟的基础上进行的,并加入了逆向 PSJ 用于流动控制。

在定常模拟中,采用 Fluent 19.0 商用求解器求解可压缩 Navier-Stokes 方程,本阶段模拟采用 S-A(Spalart-Allmaras)湍流模型,求解方法采用隐式公式,通量类型为 Roe-FDS,采用二阶迎风法进行空间离散。对半球体进行了数值模拟验证,实验数据来源于文献[4],理论结果采用牛顿-李斯(Newton-Lees)修正公式计算[5]。数值模拟参数设置如参考文献[4]所述,设置了分别采用 S-A 和剪切应力输运(shear stress transport, SST) k-ω(湍流动能-比耗散率)湍流模型进行模拟的两个对比工况。如图 2.1 所示,数值模拟结果与实验和理论计算结果吻合较好。另外,两种湍流模型的计算结果也吻合良好。因此,对于定常计算,采用单方程湍流模型 S-A 是合适的。

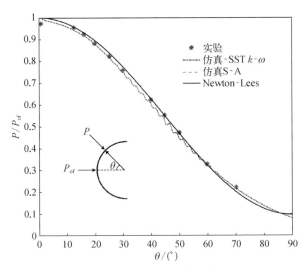

图 2.1　半球体数值模拟验证

P_{of}-驻点静压;P-壁面静压

非定常模拟的关键是 PSJ 的模拟。根据 Sary 等[6]前期的研究,在高压条件下(几千帕以上)PSJA 放电时,产生的等离子体处于局部热力学平衡状态,因此等离子体和周围的中性空气被认为是具有相同温度的流体。PSJ 形成的物理机制是气体放电引起局部强烈加热，因此 PSJ 可以通过唯象能量源项模型来模拟，其基本思想是计算含气体放电能量源项 $\dot{q}$ 的可压缩黏性流动的 Navier-Stokes 方程，控制方程如下：

$$\begin{cases} \dfrac{\partial \rho}{\partial t} + \dfrac{\partial \rho u_j}{\partial x_j} = 0 \\[3mm] \dfrac{\partial \rho u_i}{\partial t} + \dfrac{\partial \rho u_i u_j}{\partial x_j} = -\dfrac{\partial P}{\partial x_i} + \dfrac{\partial \tau_{ij}}{\partial x_j} \\[3mm] \dfrac{\partial \rho E}{\partial t} + \dfrac{\partial (\rho E + P) u_j}{\partial x_j} = \dfrac{\partial \tau_{ji} u_i}{\partial x_j} + \dfrac{\partial}{\partial x_j}\left(k\,\dfrac{\partial T}{\partial x_j} \right) + \dot{q} \end{cases} \quad (2.1)$$

其中，k 为热传导系数；τ 为剪切应力；$\dot{q}$ 为气体放电能量源项。本节中 PSJA 体积很小，放电时间很短（微秒量级），因此假设能量沉积的时空分布是均匀的，能量源项 $\dot{q}$ 可以计算如下：

$$\begin{cases} \dot{q} = \dfrac{\eta E}{V \tau_{\mathrm{in}}} = \dfrac{Q_{\mathrm{in}}}{V \tau_{\mathrm{in}}}, & i/f < t < \tau_{\mathrm{in}} + i/f, \\[3mm] 0, & \tau_{\mathrm{in}} + i/f < t < (i+1)/f, \end{cases} \quad i = 0,\,1,\,2,\,\cdots \quad (2.2)$$

式中，η 为 PSJA 的加热效率；E 为输入电能；Q_{in} 为输入热能；V 为 PSJA 腔体加热区域的体积；τ_{in} 为放电时间；f 为 PSJA 的工作频率。周岩[3] 的实验中逆向 PSJA 放电击穿电压 U 为 2.6 kV，因此输入电能 E 可由式（2.3）计算：

$$E = \frac{1}{2} C U^2 \quad (2.3)$$

其中，C 为放电电路采用电容器的电容，经过计算，当能量转换效率 η 为 0.35，放电持续时间 τ_{in} 为 5 μs 时，模拟结果与实验结果最接近。因此，能量源项 $\dot{q}$ 可由式（2.2）计算，结果约为 6.26×10^{11} J/（$\mathrm{m}^3 \cdot \mathrm{s}$）。

　　等离子体在局部热力学平衡状态下的热力学和输运性质是由其压力和温度决定的。根据 Capitelli 等[7] 给出的经验方程，计算不同压力和温度下等离子体的黏度系数、热传导系数和比热容。这一阶段的模拟采用 SST k-ω 湍流模型，求解方法采用隐式公式，通量类型为 Roe-FDS，空间离散采用二阶迎风法，采用二阶隐式法求解非定常方程，时间步长设置为 2×10^{-8} s，每个时间步最大迭代次数为 20 次。文献中对使用上述方法对 PSJ 进行模拟有详细介绍与验证[3, 8]。

计算域和网格如图 2.2 所示。计算域包括 PSJA、PSJA 出口和来流。半球体和 PSJA 的尺寸与文献中实验使用的相同[3]。考虑到计算域是轴对称的,为了减少计算资源的浪费,只模拟了 1/2 的计算域。边界条件如图 2.2 所示,包括压力远场边界条件、对称边界条件、壁面边界条件和内部边界条件;对近壁网格和激波附近网格进行了加密,来流参数与实验设置相同[3]。考虑到控制周期的总时间很短(几百微秒),将壁面设为绝热边界条件和静止无滑移壁面。数值模拟的网格独立性是通过三种数量的网格完成的,如图 2.3 所示,选择的参数为 PSJA

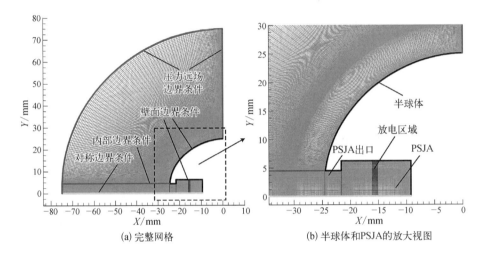

(a) 完整网格   (b) 半球体和PSJA的放大视图

图 2.2 计算域和网格

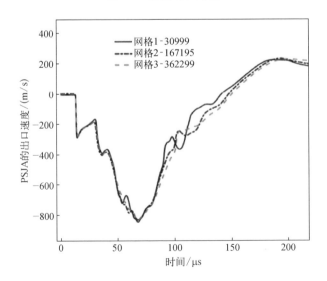

图 2.3 出口速度随网格尺寸和时间的变化

放电后的出口速度(出口平面的平均速度),可见不同网格的出口速度变化基本一致,但对于最粗糙的网格,在 80 μs 和 150 μs 之间有较大的差异。因此,为了保证计算精度,减少计算资源浪费,采用 167195 网格数的网格进行模拟。

2.2　逆向等离子体合成射流流场特性分析

逆向 PSJ 的数值模拟结果与实验结果对比如图 2.4 所示。在超声速来流作用下,半球体前方产生弓形激波,激波脱体距离约为 5.5 mm。放电后,PSJA 出口处逐渐形成 PSJ。在 PSJ 的控制下,弓形激波逐渐被推离半球体,激波脱体距离在 120 μs 左右达到最大值,如图 2.5 所示。随后,弓形激波在 200 μs 左右逐渐恢复到初始位置。从图 2.4 和图 2.5 可以看出,模拟得到的密度云图变化与实验纹影图像的流场变化吻合较好。但在 50~100 μs 时,模拟结果与实验结果有较大差异。原因可能是:由图 2.4 中 $t=80$ μs 实验纹影图可以看出,随着 PSJ 的喷射,部分放电电弧被喷射出放电腔体,放电电弧进一步加热了半球体上游的局部流场,因此激波脱体距离进一步增大。然而,模拟中的电弧加热被假设为热源,热源固定在放电腔体内,因此在 50~100 μs 时,模拟结果与实验结果有一定差异。在 $t=100$ μs 后,由于电弧逐渐耗散,模拟结果与实验结果吻合较好。

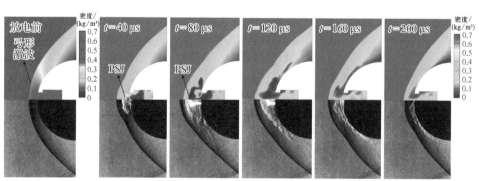

图 2.4　逆向 PSJ 数值模拟(上)与实验(下)结果对比

图 2.6 为逆向 PSJ 控制下的半球体阻力(总阻力)随时间的变化。无控时半球体基准阻力是 35N。由图 2.6 可见,在放电开始后,阻力首先出现一个短暂突升,这主要是集中热源在放电腔体中形成的正激波引起的,如图 2.7 中密度云图 4 μs 和 10 μs 所示。在 $t=10$ μs 时,正激波撞击 PSJA 的腔体壁面,导致壁面压

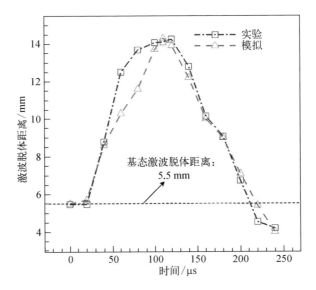

图 2.5　逆向 PSJ 控制下激波脱体距离随时间变化

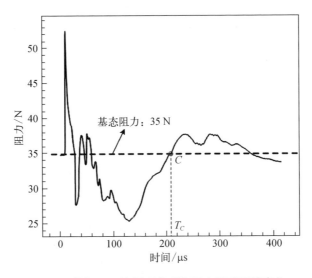

图 2.6　逆向 PSJ 控制下半球体阻力随时间的变化

力急剧上升。但由于腔体壁面存在面积差,即出口面积,整体表现为阻力突升。从 10 μs 到 30 μs,右侧正激波通过右壁面的反射向左移动,而左侧正激波从 PSJA 出口继续向左移动,所以阻力突然下降。在 $t = 30$ μs 时刻,如图 2.7 和图 2.8 所示,可以看到 PSJ 的小部分已经喷射出,PSJ 的出口速度已经达到 200 m/s 左右。当左侧正激波离开出口后,形成 PSJ 的前驱激波,然后前驱激波与弓形激波迅速融合。从 30 μs 到 60 μs，由于腔内压力上升，PSJ 逐渐加速向腔外喷射。在半球体肩部形成一个低压回流区，并逐渐变大。此外，激波脱体距离开始增大，但同时高速 PSJ 的形成对半球体产生了一定的反作用力。因此，上述因素的综合作用导致阻力略微上升和波动，如图 2.6 所示。60 μs 后，激波脱体距离进一步增加，对比图 2.5 和图 2.6 可以看出，阻力的变化基本上对应激波脱体距离的变化，例如，在 120 μs 和 130 μs 左右，激波脱体距离和阻力分别达到最大值和最小值，在这一阶段，PSJ 控制下激波脱体距离的增大是半球体壁面静压和总阻力减小的主要原因。如图 2.9 所示，在 PSJ 的控制下，半球体表面静压明显下降，半球体表面静压的变化规律与阻力和激波脱体距离的变化规律一致：从 70 μs 到 120 μs，静压下降程度逐渐增大；从 120 μs 到 220 μs，静压下降程度逐渐减小。接着，在大约 220 μs 和 205 μs，激波脱体距离和半球体的阻力恢复到基准

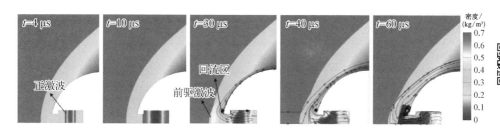

图 2.7　PSJA 放电腔体中密度叠加流线的变化

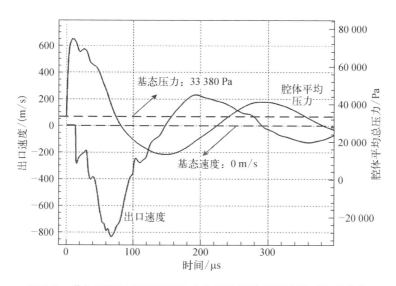

图 2.8　逆向 PSJ 控制下出口速度和腔体平均总压力随时间的变化

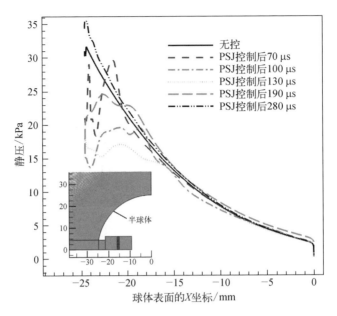

图 2.9　PSJ 控制前后半球体表面静压变化

状态,如图 2.5 和图 2.6 所示。随后,激波脱体距离会在一段时间内继续减小,同时伴随着半球体静压和阻力的增大。其原因可以解释为"过充现象",这将在下文阐述。

如图 2.8 所示,PSJA 在放电前的出口速度约为 0 m/s,腔体平均总压约为33 380 Pa。放电后,腔体平均总压迅速增加,在 10 μs 时达到最大值 68 825 Pa,对应的最大总压比(MPR_1:最大平均腔体总压与来流总压力之比)为 0.68。PSJA 的出口速度也迅速增加,在 68 μs 左右达到最大值 833 m/s,接着,随着腔体平均总压的逐渐减小,出口速度也逐渐减小。在约 148 μs 时,出口速度减小到0 m/s,此时 PSJ 喷射阶段结束。在腔体内低压和超声速流动的作用下,PSJA 快速回填。在 241 μs 左右,随着腔体平均总压恢复到基准状态,PSJA 基本回填完毕。然而,由于回填的惯性作用,腔体平均总压会进一步升高,出现"过充现象",这也是激波脱体距离在复原到基准状态后还会继续减小,阻力也会持续增大的原因。在大约 291 μs 时,出口速度又恢复到 0 m/s,腔体平均总压又达到一个新的小峰值,因此第二波 PSJ 喷射将在出口出现。此时腔体平均总压、半球体阻力和激波脱体距离均会有相应的变化,上述过程将重复多次才能稳定下来。但对减阻而言,$t=205$ μs 后的过程是无用的,需要避免。因此,在这种情况下,为了实现更好的减阻效果,需要将 PSJA 的工作周期设置为 205 μs 左右,甚至更低,因此工作频率需要达到约 4 878 Hz 甚至更高。因此,需要采用一些有效的方法来缩短 PSJA 的回填时间,如周岩[3] 和 Emrick 等[9] 研究的充气方法。

本节主要研究从放电开始到半球体阻力复原至基准状态 ($0 \sim T_C$) 这部分时间,因此 T_C 为减阻持续时间。为了分析减阻的整体效果,定义最大减阻率 $D_{\text{max\_reduction}}$ 和平均减阻率 $D_{\text{ave\_reduction}}$ 如下:

$$D_{\text{max\_reduction}} = 1 - \frac{D_{\min}}{D_0} \tag{2.4}$$

$$D_{\text{ave\_reduction}} = 1 - \frac{\int_0^{T_C} D(t)\,\mathrm{d}t}{D_0 T_C} \tag{2.5}$$

其中,$D_{\min}$ 为最小阻力;D_0 为基准阻力;$D(t)$ 为瞬态阻力。在本工况中,$D_{\text{max\_reduction}}$ 和 $D_{\text{ave\_reduction}}$ 分别为 27.71% 和 9.92%。

2.3　逆向等离子体合成射流减阻参数研究

2.3.1　参数影响分析

如 2.2 节所述,在 PSJ 的形成过程中,由于在放电腔内形成了正激波,当激波传播到 PSJA 壁面时,半球体的阻力首先表现为突升。阻力突升 (D_{rise}) 可以描述为

$$D_{\text{rise}} = \Delta P_{\text{shock}} \cdot A_{\text{e}} \tag{2.6}$$

其中,ΔP_{shock} 为正激波撞击 PSJA 图示左右壁面时的压力上升;A_{e} 为 PSJA 左右壁面的面积差,即 PSJA 的出口面积。因此,分析认为减小 A_{e}(即减小出口直径 d)可以有效缓解阻力突升现象,并能提高减阻效果。此外,能导致正激波强度增加的参数,如放电能量的增加,可能会加剧这一现象。因此,为了获得更好的减阻效果,需要选择合适的放电能量。

射流的强度与受控激波的强度是影响控制效果的关键,射流速度是评价射流强度的一个重要参数。假设射流喷出为等熵流动过程,则射流总压与静压关系满足

$$\frac{P_{02}}{P_2} = \left(1 + \frac{\gamma - 1}{2} Ma_2^2 \right)^{\frac{\gamma}{\gamma - 1}} \tag{2.7}$$

其中，P_{02} 为射流总压；P_2 为弓形激波后静压；γ 为气体比热比；Ma_2 为射流马赫数，满足

$$Ma_2 = \frac{V_2}{\sqrt{\gamma R T_2}} \tag{2.8}$$

式中，V_2 为射流速度；T_2 为射流温度；R 为理想气体常数，$R \approx 287.06\ \text{J}/(\text{kg}\cdot\text{K})$。将半球体驻点附近弓形激波近似看成正激波，正激波关系式与等熵流关系式为

$$\frac{P_2}{P_1} = \frac{2\gamma}{\gamma + 1} Ma_1^2 - \frac{\gamma - 1}{\gamma + 1} \tag{2.9}$$

$$\frac{P_{01}}{P_1} = \left(1 + \frac{\gamma - 1}{2} Ma_1^2\right)^{\frac{\gamma}{\gamma - 1}} \tag{2.10}$$

其中，P_{01} 为弓形激波前来流总压；P_1 为弓形激波前来流静压；Ma_1 为来流马赫数，结合式(2.7)~式(2.10)可得射流速度满足

$$V_2 = \sqrt{\frac{2\gamma R}{\gamma - 1} T_2 \left[\left(1 + \frac{\gamma - 1}{2} Ma_1^2\right)\left(\frac{2\gamma}{\gamma + 1} Ma_1^2 - \frac{\gamma - 1}{\gamma + 1}\right)^{\frac{1-\gamma}{\gamma}} \left(\frac{P_{02}}{P_{01}}\right)^{\frac{\gamma - 1}{\gamma}} - 1\right]} \tag{2.11}$$

PSJ 是一种复杂的非定常射流，喷射过程中的参数是不断变化的，因此选择 PSJ 最大出口速度 $V_{2\max}$ 作为评价指标。由式(2.11)可以看出，$V_{2\max}$ 主要受 PSJ 的最高温度 $T_{2\max}$、来流马赫数 Ma_1 和 $\text{MPR}_1 - P_{02\max}/P_{01}$ 的影响。其中，MPR_1 是一个复合影响参数，受到 Ma_1、P_1、放电能量甚至一些几何参数的影响。因此，本节研究出口直径、出口长度、放电能量、来流马赫数、来流静压、来流攻角对逆向 PSJ 减阻的影响。在参数研究方面，数值方法比实验方法更容易控制变量，例如，改变来流马赫数和静压时，弓形激波的强度会发生变化，而放电腔体内静压也会随之改变，从而使得放电能量发生变化，因此在风洞实验中，一些单变量的控制较为困难。

2.3.2　出口直径的影响

本节选取出口直径分别为 9 mm、7 mm、5 mm、3 mm、1 mm 的 5 个工况作为对比。由表 2.1 可以看出，随着出口直径的减小（从 9 mm 减小到 1 mm），最大阻力突升（$D_{\text{rise\_max}}$）显著减小。同时，较小的出口直径有利于放电腔体的压力上升，从

而使 MPR$_1$ 增大,有利于 PSJ 速度的提高。此外,较小的出口直径形成的 PSJ 能量更集中,也更有利于提高 PSJ 速度,最大 PSJ 速度从出口直径 9 mm 时的 833 m/s 提高到出口直径 3 mm 时的 1 089 m/s。

表 2.1　不同出口直径条件下逆向 PSJA 参数比较

出口直径/mm	$D_{\text{rise\_max}}$/N	P_{01}/kPa	$P_{02\text{max}}$/kPa	MPR$_1$	$V_{2\text{max}}$/(m/s)
1	3.50	101.33	78.92	0.78	1 039
3	5.10	101.33	81.95	0.81	1 089
5	7.66	101.33	71.77	0.71	1 031
7	11.55	101.33	69.96	0.69	930
9	17.50	101.33	68.83	0.68	833

在减阻方面,随着出口直径从 9 mm 减小到 3 mm,减阻效果逐渐变好。从图 2.10 和图 2.11 可以看出,最大减阻率从 9 mm 出口的 27.71% 增加到 3 mm 出口的 36.86%,平均减阻率从 9 mm 出口的 9.92% 增加到 3 mm 出口的 20.42%。原因主要体现在 PSJ 速度、MPR$_1$ 和激波距离的增大,如表 2.1 和图 2.12 所示。但 7 mm 出口的最小阻力略高于 9 mm 出口,因为 7 mm 出口的最大激波脱体距离略小于 9 mm 出口,如图 2.12 所示。平均减阻率增加的原因还包括减阻时间 T_c 的

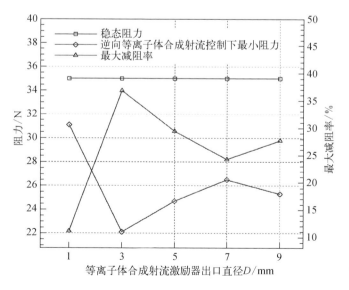

图 2.10　阻力和最大减阻率随出口直径的变化

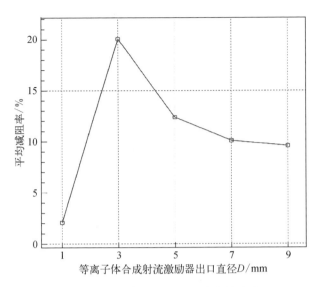

图 2.11   平均减阻率随出口直径的变化

显著增加。例如,9 mm 出口的 T_C 约为 205 μs,而 3 mm 出口的 T_C 约为 936 μs。

综上所述,在一定范围内减小出口直径有以下三个优势:一是减小 PSJ 形成过程中的阻力突升(D_{rise});二是增加单脉冲 PSJ 的减阻持续时间,从而降低了对 PSJA 频率特性的要求;三是减阻效果大大提高。

而当出口直径减小到 1 mm 时,减阻效果显著下降。这一现象首先可以用式(2.12)来解释:

$$\dot{m}_{max} = K \frac{P_{02}}{\sqrt{T_{20}}} A_e \qquad (2.12)$$

其中,K 是一个比值,空气的 K 值为 0.040 42;T_{20} 为 PSJ 的总温。随着出口直径 d 和出口面积 A_e 的减小,出口可通过的最大质量流量显著减小。当出口直径为 1 mm 时,可通过最大质量流量太小,形成了阻塞流,从而显著降低了减阻效果。选取五个出口直径最大激波脱体距离时刻的密度梯度云图进行对比分析。首先,定常射流的一般性结论是,随着压比的增加,流场模式首先呈现 LPM,而随着压比增大到超过某一个临界值,流场模式则呈现短穿透模式。本节研究的 PSJ 为非定常射流,因此逆向 PSJ 作用过程中将涉及流场模式的变化。当压比较小时,流场中整个射流作用过程将不会产生入射激波、反射激波等典型 LPM 结构,PSJ 自出口喷出,推离弓形激波至一定距离,随后随着射流的减弱,弓形激波逐渐恢复原状态,但同时由于压比较小,也不会产生桶状激波,该流场模式也可归类为 SPM,本节将其称为"低压 SPM"。如图 2.12 所示,9 mm 出口直径逆向 PSJ 的流场表现为典型的低压 SPM,且流场中形成了射流终止激波和回流区,而剪切层中的涡度导致了 PSJ 边界附近回流区的形成,如参考文献[10]所述。随着出口直径的减小,逆向 PSJ 的流场发生了明显的变化。在出口直径为 7 mm、5 mm 和 3 mm 时,流场结构由低压 SPM 向 LPM 转变,在这种模式下,激波脱体距离显著增大,且流场中形成了入射激波、反射激波和马赫盘等流场结构。当出口直径减小到 1 mm 时,流场仍表现为 LPM,但激波脱体距离较短,马赫盘较强。从图 2.12(a)中可以看出,出口直径为 1 mm 时流场中形成了阻塞流,由于强烈的阻塞作用和连续较强马赫盘的形成,形成的 PSJ 能量损失较快,射流被削弱,减阻效果降低。如前文所述,PSJ 是一个复杂的非定常射流,流场一直在变化,对于 9 mm 出口,在 PSJ 的整个控制过程中流场模式均为低压 SPM,而对于出口直径为 7 mm、5 mm、3 mm 和 1 mm 的流场,在 PSJ 的整个控制过程中,流场由低压 SPM 变为 LPM,再变为低压 SPM。在这四种工况下,LPM 只存在较短的时间,但 LPM 更利于减阻。因此,在一定范围内,较小的出口直径更有利于整体减

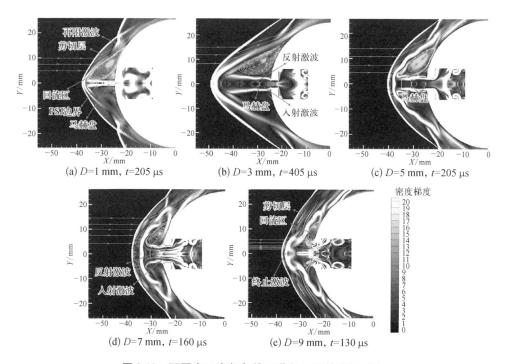

(a) D=1 mm, t=205 μs　　(b) D=3 mm, t=405 μs　　(c) D=5 mm, t=205 μs

(d) D=7 mm, t=160 μs　　(e) D=9 mm, t=130 μs

图 2.12　不同出口直径条件下逆向 PSJ 的流场对比

阻效果的提升,但过小的出口直径处可能会形成壅塞流,从而降低减阻效果,因此应避免该情况的出现。

2.3.3　放电能量的影响

本节选取 9 个工况作为对比,放电能量变化范围为 0.20~40.00 J。从表 2.2 可以看出,随着放电能量的增加,MPR_1 显著增加,PSJ 速度也显著增加。出口最大 PSJ 速度 V_{2max} 从放电能量为 0.20 J 的 189 m/s 增加到放电能量为 40.00 J 的 2 714 m/s。最大减阻率和最大激波脱体距离也随着放电能量的增大而增大,如图 2.13 和图 2.14 所示。当放电能量为 40.00 J 时,最大减阻率达到 62.29%。然而,更高的放电能量并不意味着更高的平均减阻率,如图 2.15 所示:当放电能量为 8.00 J 时,平均减阻率达到最大值 17.36%;当放电能量大于 8.00 J 时,平均减阻率不增反减,其原因是 D_{rise} 的快速增加并且 D_{rise} 持续时间显著延长,由表 2.2 可以看出,D_{rise_max} 随着放电能量的增加显著增加。

表 2.2　不同放电能量条件下逆向 PSJ 参数比较

E/J	D_{rise_max}/N	P_{01}/kPa	P_{02max}/kPa	MPR_1	$V_{2max}/(m/s)$
0.20	5.51	101.33	45.86	0.45	189
0.57	12.53	101.33	60.80	0.60	569
1.08	17.50	101.33	68.83	0.68	833
2.00	22.14	101.33	89.28	0.88	970
4.00	30.26	101.33	108.14	1.07	1 216
8.00	46.13	101.33	153.20	1.51	1 486
12.00	57.82	101.33	185.98	1.84	1 713
20.00	80.99	101.33	244.97	2.42	2 047
40.00	124.05	101.33	363.31	3.59	2 714

与出口直径减小相似,放电能量的增加也显著改变了逆向 PSJ 的流场。图 2.14 为不同放电能量条件下激波脱体距离达到最大时的典型流场对比。当放电能量小于 4.00 J 时,流场在 PSJ 的整个控制周期内都呈现典型的低压 SPM。当放电能量大于等于 4.00 J 时,控制周期内某一时刻流场结构由低压 SPM 向 LPM 转变。如图 2.14(e)~(i)所示,激波脱体距离随着放电能量的增加而不断增大,

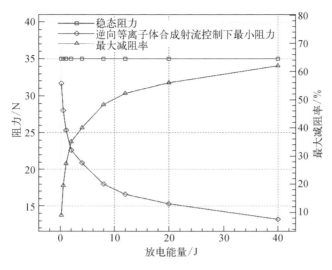

图 2.13　阻力和最大减阻率随放电能量的变化

射流中还伴随着入射激波、反射激波和马赫盘的形成。同样,在逆向 PSJ 的整个控制周期中,当放电能量大于 4.00 J 时,流场从低压 SPM 转变为 LPM,再回到低压 SPM,与 PSJ 强度的变化相对应。

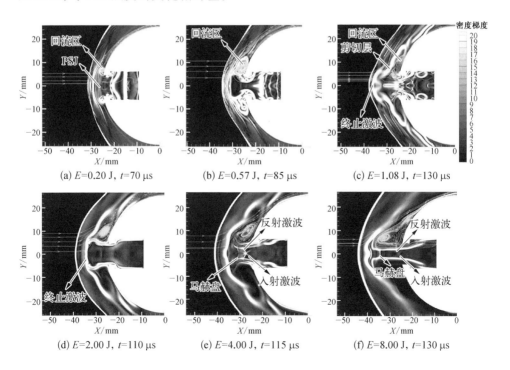

(a) E=0.20 J, t=70 μs　　　(b) E=0.57 J, t=85 μs　　　(c) E=1.08 J, t=130 μs

(d) E=2.00 J, t=110 μs　　　(e) E=4.00 J, t=115 μs　　　(f) E=8.00 J, t=130 μs

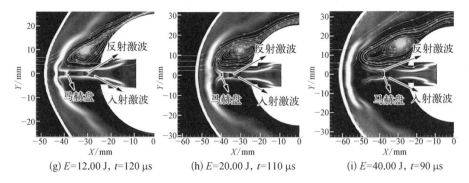

(g) E=12.00 J, t=120 μs   (h) E=20.00 J, t=110 μs   (i) E=40.00 J, t=90 μs

图 2.14　不同放电能量条件下激波脱体距离达到最大时逆向 PSJ 的流场对比

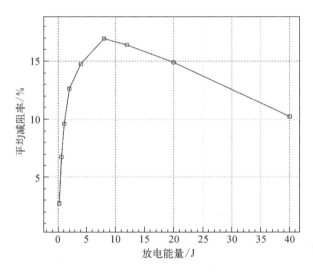

图 2.15　平均减阻率随放电能量的变化

2.3.4　来流马赫数和静压的影响

随着来流马赫数的增加,由式(2.9)可以推断弓形激波强度增大。此外,随着来流马赫数和静压的增大,PSJA 半球体的基态阻力以及来流总压和射流总压均增大。本节的放电能量设为常数 1.08 J,因此随着来流静压和来流马赫数的增大,MPR_1 和 PSJ 最大出口速度显著降低,对应参数分别见表 2.3 和表 2.4。相应地,随着来流马赫数和来流静压的增大,最大减阻率和平均减阻率显著减小,如图 2.16~图 2.19 所示。可以看出,当来流马赫数和来流静压较高时,减阻效果较小,因此针对不同来流工况,PSJA 采用合适的放电能量和出口直径具有重要意义。

表 2.3　不同来流静压条件下逆向 PSJ 参数比较

P_1/kPa	h/km	P_{01}/kPa	P_{02max}/kPa	MPR_1	V_{2max}/(m/s)
0.29	40	10.55	18.65	1.77	919
0.58	35	21.14	25.41	1.20	894
1.20	30	44.01	39.10	0.89	855
2.76	25	101.33	68.83	0.68	833
5.53	20	203.23	117.48	0.58	449
12.11	15	445.23	213.81	0.48	235
26.50	10	974.21	398.10	0.41	140

表 2.4　不同来流马赫数条件下逆向 PSJ 参数比较

Ma_1	P_{01}/kPa	P_{02max}/kPa	MPR_1	V_{2max}/(m/s)
2	21.59	47.01	2.18	921
3	101.33	68.83	0.68	833
4	419.79	96.37	0.23	502
5	1 465.16	130.31	0.09	375
6	4 379.09	166.15	0.04	258
7	11 498.90	211.82	0.02	215
8	27 154.00	263.93	0.01	208

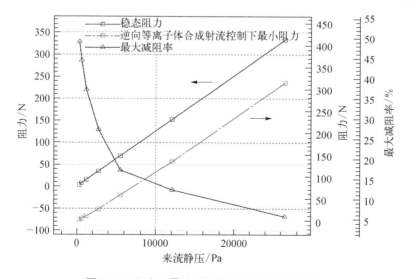

图 2.16　阻力和最大减阻率随来流静压的变化

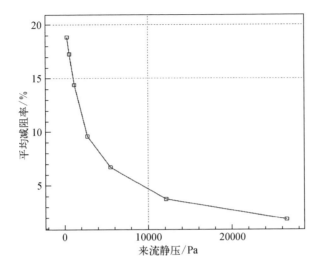

图 2.17   平均减阻率随来流静压的变化

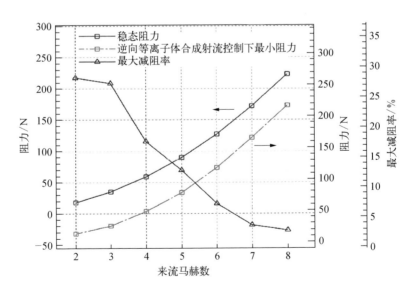

图 2.18   阻力和最大减阻率随 *Ma* 的变化

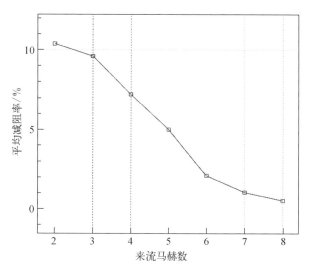

图 2.19　平均减阻率随 *Ma* 的变化

图 2.20 和图 2.21 为不同来流马赫数和静压条件下逆向 PSJ 流场对比。当 PSJA 的几何构型固定时,MPR$_1$ 对流场结构的影响显著。结合图 2.15、图 2.20、图 2.21 和表 2.2~表 2.4 可以总结得到,当 PSJA 出口直径为 9 mm、MPR$_1 \geqslant 0.89$ 时,流场会出现 LPM。如图 2.15 (d) 所示,当 MPR$_1 = 0.88$ 时,流场在 PSJ 的整个控制周期内都呈现典型的低压 SPM;然而,如图 2.21 (e) 所示,当 MPR$_1 = 0.89$ 时,流场在 $t = 125\,\mu\text{s}$ 时呈现典型的 LPM;同样,当 MPR$_1 \geqslant 0.89$ 时,流场在某一时刻出现典型的 LPM,如图 2.15(f)~(i)、图 2.20 (a) 和图 2.21 (e)~(g) 所示。在这种情况下,流场在 PSJ 的一个控制周期内由低压 SPM 转变为 LPM,再回到低压 SPM,这种工况下可以实现相对较好的减阻效果。当来流马赫数和静压较大时,激波脱体距离均较小,如图 2.20 (d)~(g)、图 2.21 (a) 和(b)所示,这也是平均减阻率较小的原因。

2.3.5　来流攻角的影响

在上面的讨论中,通过二维数值模拟分析了零攻角下半球体的减阻问题。然而,对作战飞行器来说,研究攻角的影响至关重要。本节通过三维数值模拟,模拟了从 3° 到 12° 的四个来流攻角对逆向 PSJ 减阻效果的影响。从图 2.22 和图 2.23 可以看出,最大减阻率和平均减阻率都随着攻角的增大而减小,但总体上,相比 0° 攻角 9.92% 的平均减阻率,12° 攻角仍然保持了较高的平均减阻率,平均

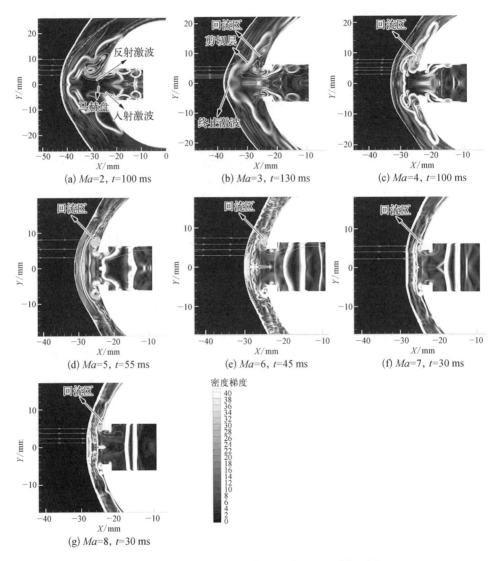

(a) Ma=2, t=100 ms   (b) Ma=3, t=130 ms   (c) Ma=4, t=100 ms

(d) Ma=5, t=55 ms   (e) Ma=6, t=45 ms   (f) Ma=7, t=30 ms

(g) Ma=8, t=30 ms

图 2.20　不同来流马赫数条件下逆向 PSJ 流场对比

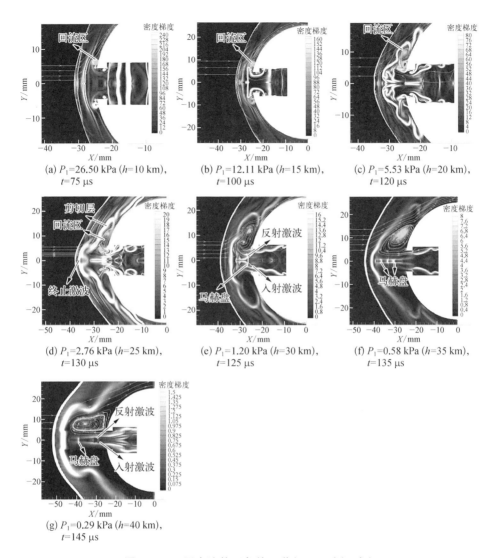

(a) P_1=26.50 kPa (h=10 km)，
t=75 μs

(b) P_1=12.11 kPa (h=15 km)，
t=100 μs

(c) P_1=5.53 kPa (h=20 km)，
t=120 μs

(d) P_1=2.76 kPa (h=25 km)，
t=130 μs

(e) P_1=1.20 kPa (h=30 km)，
t=125 μs

(f) P_1=0.58 kPa (h=35 km)，
t=135 μs

(g) P_1=0.29 kPa (h=40 km)，
t=145 μs

图 2.21　不同来流静压条件下逆向 PSJ 流场对比

减阻率为 7.9%。随着来流攻角的增大，半球体周围的流场不再对称，在迎风侧和背风侧形成了不同的流场。激波脱体距离在迎风侧逐渐减小，在背风侧逐渐增大，如图 2.24 所示。因此，随着来流攻角的增大，背风侧静压逐渐减小，迎风侧静压逐渐增大，如图 2.24 和图 2.25 所示。由图 2.24 可以看出，大攻角时迎风侧形成局部高压区，且压力随着攻角的增大而增大，而在 PSJ 的控制下，背风侧和迎风侧的静压均显著减小。然而，迎风面大部分位置的静压，在大攻角（如 6°、9° 和 12°）下，仍高于 0° 攻角无控时的静压，这也是在大攻角时减阻效果下降的原因。

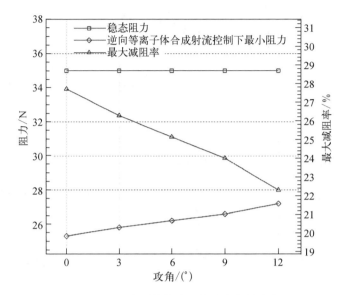

图 2.22　阻力及最大减阻率随攻角的变化

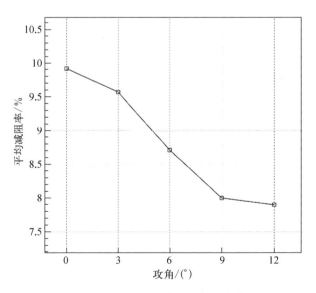

图 2.23　平均减阻率随攻角的变化

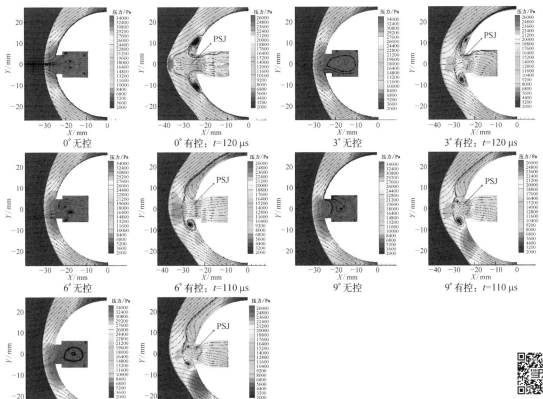

图 2.24　不同来流攻角条件下逆向 PSJ 流场对比

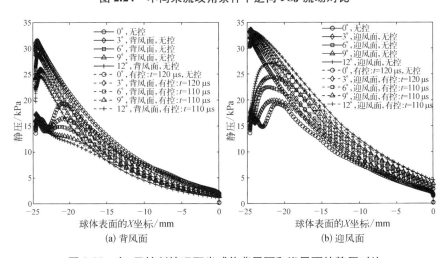

图 2.25　有、无控制情况下半球体背风面和迎风面的静压对比

2.4 本章小结

本章通过数值模拟方法,研究了逆向 PSJ 在 $Ma3$ 超声速来流中对半球体的减阻作用,并进行了参数研究,主要结论如下。

(1) 在 PSJ 的控制下,弓形激波脱体距离先增大后减小,与脉冲 PSJ 强度的变化相对应,半球体减阻率也先增大后减小。当放电能量为 1.08 J 时,最大减阻率为 27.71%,平均减阻率为 9.92%。

(2) 对逆向 PSJ 减阻效果的影响参数进行了理论分析,选取五个主要参数,即出口直径、放电能量、马赫数、来流静压、攻角进行了影响规律研究。在 PSJ 形成过程中,正激波的产生和腔体壁面面积差的存在会导致短暂的阻力突升,阻力突升随出口直径减小而减小,随放电能量增加而增大。平均减阻率随出口直径的减小而显著增大,自出口直径 9 mm 时的 9.92% 增加到出口直径 3 mm 时的 20.42%,但出口直径为 1 mm 时平均减阻率因壅塞作用较强反而减小。不同放电能量结果对比表明,平均减阻率在放电能量小于 8 J 时随放电能量增大而增大,大于 8 J 时随放电能量增大而减小。此外,平均减阻率随来流马赫数、来流静压和来流攻角的增大而减小。相比于 0° 攻角 9.92% 的平均减阻率,12° 攻角时逆向 PSJ 对半球体仍然保持较高的减阻率,平均减阻率为 7.90%。然而,由于在高马赫数和大静压流动条件下的减阻效果显著降低,采用合适放电能量和出口直径的 PSJA 具有重要意义。

(3) 最大总压比(MPR_1)对逆向 PSJ 的平均减阻有显著影响,较高的 MPR_1 意味着较高的 PSJ 速度,更有利于减阻。当 $MPR_1 < 0.89$ 时,逆向 PSJ 的流场呈现出典型的低压 SPM,当 $MPR_1 \geqslant 0.89$ 时,在 PSJ 的一个控制周期内,流场由低压 SPM 转变为 LPM,再回到低压 SPM。

参考文献

[1] Wang H Y, Li J, Jin D, et al. High-frequency counter-flow plasma synthetic jet actuator and its application in suppression of supersonic flow separation[J]. Acta Astronautica, 2018, 142: 45 – 56.

[2] 陈加政,胡国暾,樊国超,等.等离子体合成射流对钝头激波的控制与减阻[J].航空学报,2021,42(7): 321 – 331.

[3] 周岩.新型等离子体合成射流及其激波控制特性研究[D].长沙: 国防科技大学,2018.

[4] Finley P J. The Flow of a jet from a body opposing a supersonic free stream[J]. Journal of Fluid Mechanics, 1966, 26(2): 314 – 324.

[5] 瞿章华,曾明,刘伟,等.高超声速空气动力学[M].长沙:国防科技大学出版社,1999.

[6] Sary G, Dufour G, Rogier F, et al. Modeling and parametric study of a plasma synthetic jet for flow control[J]. AIAA Journal, 2014, 52(8): 1591 – 1603.

[7] Capitelli M, Colonna G, Gorse C, et al. Transport properties of high temperature air in local thermodynamic equilibrium[J]. The European Physical Journal D, 2000, 11(2): 279 – 289.

[8] 王林.等离子体高能合成射流及其超声速流动控制机理研究[D].长沙:国防科学技术大学,2014.

[9] Emerick T, Ali M Y, Foster C, et al. SparkJet characterizations in quiescent and supersonic flowfields[J]. Experiments in Fluids, 2014, 55(12): 1 – 21.

[10] Sharma K, Nair M T. Combination of counterflow jet and cavity for heat flux and drag reduction[J]. Physics of Fluids, 2020, 32(5): 056107.

第 3 章

Laval 构型等离子体合成射流
逆向喷流减阻特性研究

国内外对 PSJA 的速度特性开展了大量研究。目前的实验研究结果表明，PSJA 最高速度可达约 500 m/s[1]，可见其在超声速、高超声速流场的控制中具有较好的应用前景。无量纲能量 ε 是影响 PSJ 速度的一个关键参数，该参数涵盖了放电能量、腔体内气体初始密度、腔体内气体初始温度、腔体体积等参数的影响。Reedy 等[1]的纹影和 PIV 结果表明，射流峰值速度与无量纲能量呈现非线性关系，即随着无量纲能量增大，射流速度增幅逐渐放缓，Zong 等[2]通过理论计算得出，当假设 PSJA 效率恒定且出口速度变化自相似时，射流峰值速度与无量纲能量的非线性关系可以表示为 $U_m \sim \varepsilon^{1/3}$，Zong 等通过纹影实验进一步研究了无量纲能量对于 PSJ 形态的影响，结果表明：随着无量纲电容能量从 0.044 增大至 22.1，三种流场模式依次出现：仅有前驱激波、带有涡环的弱射流以及无涡环的强射流。然而，上述研究中 PSJA 采用的出口构型均为直口圆柱形出口，从 Reedy 等的 PIV 结果[1]来看，在无量纲能量较大时，PSJ 在出口附近仍会短暂膨胀加速。分析认为，在无量纲能量足够大时，PSJ 在射流出口可以达到声速，并可以在出口附近进一步膨胀到略大于声速，但仍然不能达到更高马赫数，因此射流出口处的马赫数始终受到限制，在内外压比超过临界压比后，PSJ 速度的提高仅仅是因为射流温度的提高，因此造成速度提升放缓、放电能量转换为射流动能效率低下的问题；此外，仅依靠提高温度来提高射流速度还会导致对材料耐热性要求提高，不利于激励器的实用化。因此，可以采用 Laval 喷管作为 PSJA 的出口，进一步提高 PSJ 的马赫数和射流速度。Laval 喷管由收缩段、喉部和扩张段组成，是流动达到超声速的必要条件之一。在足够的激励器腔体内外压比作用下，射流在 Laval 喷管收缩段加速，在喉部达到声速，并在膨胀段进一步加速至超声速。

本章继续采用数值模拟方法研究不同无量纲能量条件下带 Laval 出口构型 PSJA(简称 Laval 构型 PSJA)的特性及其在 $Ma3$ 流场半球体减阻中的应用。同时,本章还模拟直口圆柱形 PSJA(简称直形 PSJA)进行对比。首先,通过压力测量实验和纹影实验验证了数值模拟方法的正确性。接着,研究了 Laval 构型 PSJA 静态工作时的特性。最后,通过其在 $Ma3$ 流场半球体减阻中的应用,验证了 Laval 构型 PSJA 的控制能力。

3.1　实验与数值模拟设置

3.1.1　实验设置

本章采用的实验方法主要用于对数值方法进行验证。首先,参考火箭发动机尾喷管设计方法[3]设计了 Laval 喷管,如图 3.1 (a)所示,喷管出口和喉道面积比为 1.44,对应设计马赫数为 1.80。采用上述 Laval 喷管作为出口的 PSJA,如图 3.1 (b)所示,PSJA 的放电腔体为圆柱体,半径 6.2 mm,高度 12.4 mm,计算得到腔体体积约为 1 497.46 mm³,PSJA 采用树脂材料并通过 3D 打印而成,在放电腔体的中间插入两个半径为 0.8 mm 的圆柱形钨电极(正极和负极),电极间距为 3.5 mm。采用如图 3.1 (b)所示的 PCB 高频动态压力传感器(Model 113B24,量程 0~6 894 kPa,分辨率 0.007 kPa)测量放电时腔体压力的变化,该传感器具有尺寸小(直径 5.54 mm)、响应时间短(小于 1 μs)、耐高温(1 649℃)和对电磁干扰的灵敏度低等特点,因此该 PCB 高频动态压力传感器适用于本实验。PCB 高频动态压力传感器的设计还包括一个用于安装的传感器夹紧螺母和一个提供压力密封的铜环;此外,还设置了一个不锈钢传感器底座用于固定传感器和 PSJA,该底座内部设置有连接螺纹。为了防止电极与传感器座之间发生放电,在激励器底部设置了一个半径 2.6 mm、高 3 mm 的陶瓷树脂绝缘垫片,实验模型各连接处均用硅橡胶黏结和密封。文献[4]中对垫片的影响进行了研究,结果表明使用垫片带来的误差约为 3.4%。

实验电路如图 3.2 所示。本节使用的电源是西安交通大学高电压实验室研制的高压脉冲容性电源"KD-1 基于磁压缩技术的脉冲电源",主要包括一个直流电源(500 V,1 000 W)、一个绝缘栅双极晶体管(insulated gate bipolar transistor, IGBT)、一个高压脉冲变压器(1∶20)和一个用于储存能量的电容(0.16 μF)。IGBT 控制电源的通断,当 IGBT 工作时,电容迅速开始充电,当穿过电容的电压达到击穿电压时,电弧放电开始,电容器中的能量迅速转移到放电腔

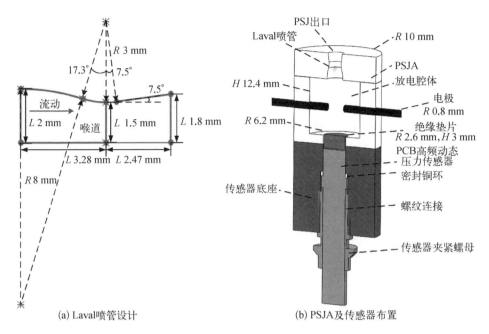

(a) Laval喷管设计   (b) PSJA及传感器布置

图 3.1 Laval 喷管设计及实验模型示意图

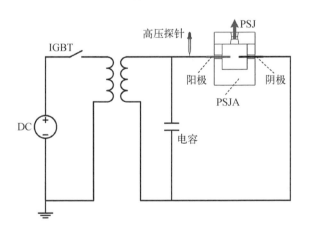

图 3.2 实验电路示意图

体中的电弧中,该脉冲电源工作频率范围为 1~50 Hz,最大输出电压约为 10 kV,最大输出能量约为 20 J。此外,高压脉冲电源还需外配一个调压器,本实验采用的是上海征西电气科技有限公司生产的 TSGC2-15KVA 三相接触调压器,如图 3.3(b)所示,其输入电压为 380 V,而输出电压可在 0~430 V 调节,该调压器性能稳定,高效耐用,用于给高压脉冲电源充电供能,并调节激励器两端的电压。

电容采用的是超高压薄膜电容,电容大小可选 80 nF、160 nF、320 nF、640 nF、3 000 nF 等,在电路中加入电容是因为电容能以很快的速度将储存的电能释放,相比于电源直接加于电极两端,激励器放电响应时间大大缩短。

(a) 高压脉冲容性电源　　　　　　　　　(b) 调压器

图 3.3　电源装置

电路测量系统主要由高压探头、电流线圈、示波器组成(图 3.4)。高压探头采用的是 Tektronix 公司的 P6015A 无源高压探头,量程 0~20 kV,信号衰减至 1/1 000 再被测量,带宽 75 MHz,实验时将其连于电容两端测量放电电压;PSJA 放电具有电流峰值大、放电时间短的特点,采用普通电流表较难准确测量,因此实验时将一根导线穿过 Pearson4997 电流线圈,根据电磁感应原理测量放电时产生的电流,该电流线圈量程 0~20 kA,带宽 13 MHz;示波器采用的是 DPO4000 四通道示波器,带宽 350 MHz,单次采样速率 5 GSPS(gigabit samples per second,每秒千兆次采样),测量所得电压、电流信号最终通过该示波器进行采集记录。

(a) 高压探头　　　　　　(b) 电流线圈　　　　　　(c) 示波器

图 3.4　电参数测量装置

纹影系统设置为 z 型模式,由点光源、高速数码相机、两面凹面镜、两面平面镜、刀口等组成,如图 3.5 所示。光源为球形短弧氙灯(XQ 型,500 W),采用两面平面镜反射光,使用两个直径为 200 mm 的凹面镜对准通过测试段的光线,采用 MEMRECAM ACS-3 高速数码相机拍摄纹影图像,镜头型号为 AF NIKKOR 80-200mm f/2.8D ED。曝光时间设置为 1.1 μs,以提供流场的瞬时快照。相机的空间分辨率为 0.14 mm/像素,图像的最小分辨率为 0.5 像素,因此从纹影图像中测得的前驱激波和 PSJ 射流位置的不确定性为 0.07 mm。为了保证纹影图像的分辨率,本实验将帧率设置为 100 000 帧/s,因此两幅图像之间的时间间隔(Δt)为 10 μs。

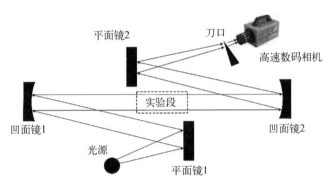

图 3.5　实验纹影设置示意图

3.1.2　数值模拟设置与验证

本章继续采用第 2 章详细介绍的数值方法。计算域网格如图 3.6 所示。实验中测得上述 PSJA 的击穿电压为 6.87 kV,因此输入电能($Q_{in} = 1/2CU^2$,C 表示电容,U 表示击穿电压)约为 3.78 J,本章的研究目标仍然是单脉冲 PSJ,放电频率为 1 Hz。本章相比于第 2 章还进行了 PSJA 静态流场工作特性的模拟,经过计算与对比,能量效率设置为 0.35,放电持续时间设置为 40 ms,因此模拟中输入的能量源项大小为 8.45×10^{10} J/($m^3 \cdot s$),计算得到无量纲能量约为 9.57。本章的研究中无量纲能量的改变主要通过改变放电能量来实现。

第 2 章对采用的数值模拟方法进行了网格无关性、半球体定常模拟和半球体逆向 PSJ 的数值验证。本章研究了静止空气中 PSJA 的特性,因此本节对静止空气中 PSJA 的模拟进行补充验证。通过比较输入 ε 为 9.57 时 PSJA 放电腔体内的总压变化和 PSJ 的流场演化过程,验证数值模拟方法的有效性。所设置的参数来自 3.1.1 节。从图 3.7 中可以看出,模拟得到的 PSJA 放电体腔内总压变化过程与实验结果吻合较好。但实验测得的压力变化比模拟测得的更剧烈,这是因

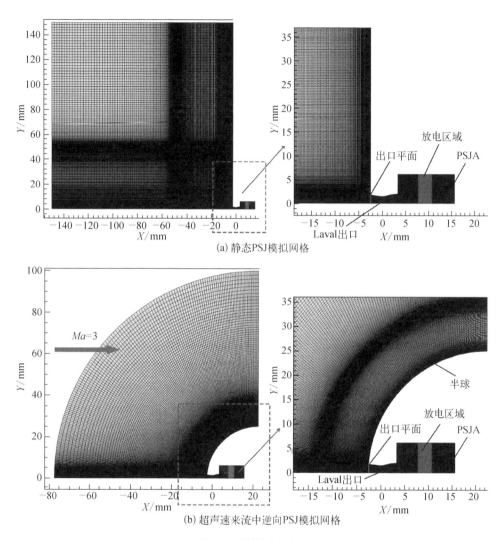

(a) 静态 PSJ 模拟网格

(b) 超声速来流中逆向 PSJ 模拟网格

图 3.6　计算域和网格

为实验中放电产生的电弧是不断移动的,这也在一定程度上影响了腔体的压力变化,而模拟中的电弧(加热区域)是固定的。图 3.8 为实验纹影图像和数值纹影图像的对比,采用 N_s 的值来反映流场的瞬时密度梯度,Wu 和 Martin[5] 基于该方法的数值模拟结果与风洞实验得到的阴影图像吻合较好。该变量的表达式为 $N_s = C_1 \exp\left(-C_2(\phi - \phi_{\min})/(\phi_{\max} - \phi_{\min})\right)$,其中 $\phi = |\Delta\rho|$($\Delta\rho$ 为密度梯度), $C_1 = 0.8$, $C_2 = 10$。本章及第 4 章所示的数值纹影图像都是基于这种方法。如图 3.8 所示,PSJ 和几个前驱激波逐渐被喷出 PSJA 出口。当 PSJ 被喷出时,40 μs

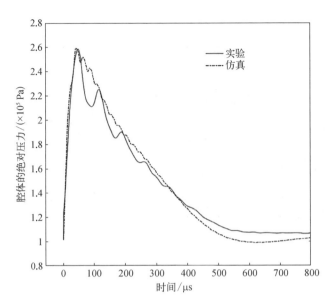

图 3.7 激励器腔体总压随时间的变化

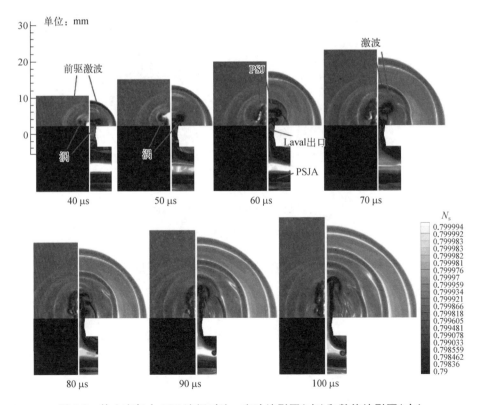

图 3.8 静止空气中 PSJ 流场对比：实验纹影图（左）和数值纹影图（右）

时在出口处形成一个涡,并进一步向下游传播。60 μs 后,较强的 PSJ 形成,并快速向下游传播。用数值方法得到的射流传播速度与实验得到的射流传播速度接近。但数值方法得到的激波传播速度比实验得到的快。这种偏差可能是数值方法精度较低和能量均匀沉积的假设造成的。本章的研究主要关注射流速度、射流马赫数等参数;此外,射流速度和射流马赫数是由放电腔与环境之间的压比决定的。因此,本章采用的数值模拟方法满足了本研究的要求。

3.2　静态空气中等离子体合成射流特性分析

本节设置 10 个算例(Q-L-1 ～ Q-L-10, Q 指"quiescent(静止)",L 指"Laval 构型"),研究 ε 为 0.25～37.98 时 Laval 构型 PSJA 的特性,如表 3.1 所示,另外设置 10 个输入 ε 相同的算例(Q-S-1～Q-S-10,S 表示"straight(直形出口)")作为对比。

表 3.1　静止空气中 Laval 构型和直形 PSJA 工况设置

工况	Q-L-1 (Q-S-1)	Q-L-2 (Q-S-2)	Q-L-3 (Q-S-3)	Q-L-4 (Q-S-4)	Q-L-5 (Q-S-5)
Q_{in}	0.10	0.50	1	2	3.78
E	0.39	0.39	0.39	0.39	0.39
ε	0.25	1.27	2.53	5.06	9.57
工况	Q-L-6 (Q-S-6)	Q-L-7 (Q-S-7)	Q-L-8 (Q-S-8)	Q-L-9 (Q-S-9)	Q-L-10 (Q-S-10)
Q_{in}	4	6	8	10	15
E	0.39	0.39	0.39	0.39	0.39
ε	10.13	15.19	20.26	25.32	37.98

3.2.1　Laval 构型和直形等离子体合成射流流场演化分析

采用四个典型工况 Q-L-3、Q-S-3、Q-L-5 和 Q-S-5 来展示静止空气中 PSJ 的流场演化过程,如图 3.9 所示。当 ε 较小($\varepsilon \leqslant 5.06$)时,流场中首先出现几个涡和激波,并向下游传播;由于卷吸作用和涡的耗散,涡的传播速度逐渐减慢。随

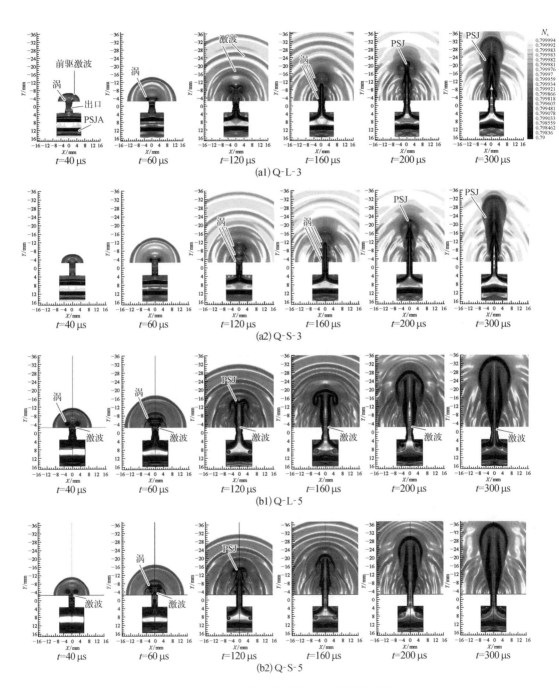

图 3.9　静止空气中 PSJ 的流场演化过程

后,涡被强 PSJ 追赶上并逐渐融合,如图 3.9(a1)和(a2)60~300 μs 所示。需要注意的是,在这种情况下,Laval 构型 PSJA 与直形 PSJA 的流场演化过程没有显著差异。当 ε 输入较大时($\varepsilon>5.06$),流动特性发生明显变化。一方面,涡的传播时间有很大的衰减。当 PR 较高时,强 PSJ 快速从出口喷出,在 120 μs 前与 PSJ 融合。另一方面,由于最大压比(MPR$_2$:本章中最大压比指腔体最大平均总压与出口处总压的比值,对于 $Ma3$ 超声速流场,MPR$_2$ 指腔体最大平均总压与弓形激波后总压的比值,且 MPR$_2$=MPR$_1$/0.28)超过临界值 1.89,在出口附近会产生激波,如图 3.10 所示。对于 Laval 构型 PSJA,如图 3.9(b1)所示,出口附近始终存在激波,激波是不稳定的,并且一直在移动,这是监测到的出口参数(将在接下来的 3.1.2 节详细讨论)变化很大的原因。对于直形 PSJA,激波仅在 120 μs 之前出现。

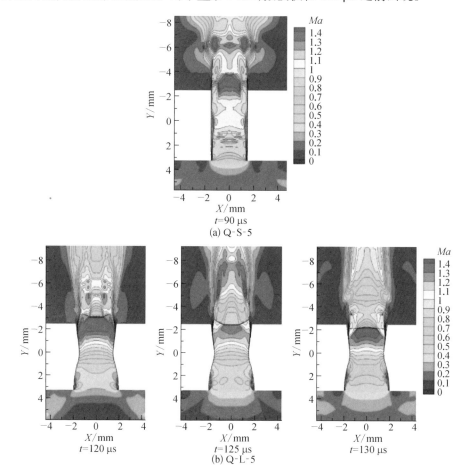

图 3.10　Q-S-5 和 Q-L-5 工况流场细节(马赫数云图)

3.2.2 Laval 构型和直形等离子体合成射流特性对比

如前文所述,射流速度是 PSJA 性能的一个重要评价指标,对于 PSJ,其速度可计算如下:

$$V_j = Ma_j \cdot a_j = Ma_j \sqrt{\gamma R T_j} = \sqrt{\frac{2\gamma R}{\gamma - 1} T_j \left[1 - \left(\frac{P_a}{P_{0j}} \right)^{\frac{\gamma-1}{\gamma}} \right]} \tag{3.1}$$

其中,V_j、Ma_j、T_j 分别为 PSJ 的速度、马赫数和温度;a_j 为当地声速;P_{0j}/P_a 为放电后腔体总压与环境压力之比。由式(3.1)易知,PSJ 的速度主要由射流马赫数、射流温度及总压比决定,而上述 3 个参数主要受几个关键参数影响。例如,无量纲能量在很大程度上影响射流温度及总压比,在 PSJA 出口达到声速之前,其对于射流马赫数也有较大影响,但当 PSJA 出口最大马赫数达到声速后,对马赫数影响不大;对于直形 PSJA,其在出口平面附近的临界值略高于 1[1],而对于 Laval 构型 PSJA,其临界值可增加到略高于设计马赫数的值。因此,从理论分析可以得出结论,PSJ 的速度也可以通过采用 Laval 构型出口来提高。

根据前人研究[1,2,6-9],可以用两种不同的定义来计算射流速度:出口速度和射流前沿速度。出口速度的测量通常采用 PIV 方法或数值模拟方法,而射流前沿速度和前驱激波速度通常是通过跟踪射流和激波的运动来计算的,可以通过纹影图像的灰度变化或 PIV 结果中的速度轮廓来识别。在 Zong 和 Kotsonis 的研究中[10],射流前沿速度约为出口速度的一半。他们认为射流的高动量由于黏性耗散和卷吸作用在传播过程中迅速下降。实际上,由于激励器出口内外激波的产生,ε 输入越大,射流前沿速度与出口速度之比越小。此外,高 ε 输入时,激波的产生也影响 PIV 的测量精度。因此,可靠的数值方法对射流速度的获取具有重要意义。

在本节中,通过数值模拟监测获得射流出口速度,并根据每 10 μs 获得的数值纹影图像中射流前沿位置的变化来获得射流前沿速度。以 Q-L-5 和 Q-S-5 为例($\varepsilon=9.57$),如图 3.11 所示,出口速度和射流前沿速度都经历了先增大后减小的过程。在 125 μs 左右之前,Laval 构型 PSJA 出口速度高于直形,主要原因是 PR 足够大,Laval 构型 PSJA 出口速度逐渐达到超声速,出口马赫数大于直形出口 PSJA 的出口马赫数。在 125 μs 时,Laval 构型 PSJA 的临界 PR 约为 2.15,略高于 Laval 喷管的临界 PR 1.89($\gamma=1.4$),其主要原因是 γ 随 PSJ 的压力和温度而变化。根据等熵关系式和声速公式,临界 PR 与 γ 的关系可表示为 $P_{0j}/P_a = [2/(\gamma + 1)]^{-\gamma/(\gamma-1)}$。因此,PSJ 的温度和压力的变化引起 γ 的变化,最终导致

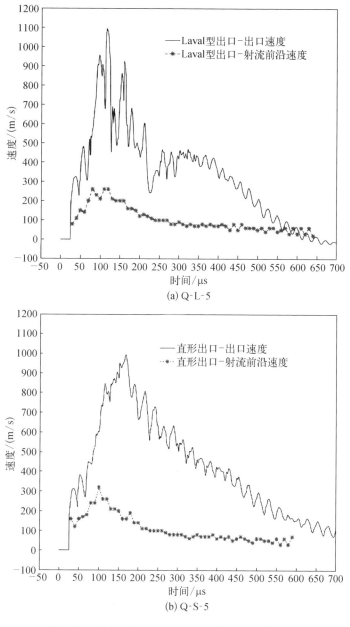

图 3.11　Q-L-5 和 Q-S-5 工况速度随时间的变化

临界 PR 的变化。此外,本节出口参数值和腔体参数值均为平均值,这也在一定程度上影响了临界值的大小。例如,激励器出口处马赫数分布通常是中线附近较高而壁面附近较低,这也有助于解释直形 PSJA 的最大出口马赫数略大于 1,

在足够的压比作用下,直形出口中心部分的速度可以达到略高于声速值,并且可以在出口平面下游继续膨胀并加速一段时间,如图 3.10 所示,这与文献中的 PIV 结果相符[1]。由于初始阶段出口速度较高,Laval 构型 PSJA 的 PR 始终略低于直形 PSJA,如图 3.12 所示。在 125 μs 后,Laval 构型 PSJA 出口速度和马赫数均低于直形,因为此时 PR 不足以让 Laval 喷管保持超声速。对于 Laval 构型 PSJA,其出口马赫数和出口速度在 120~130 μs 急剧下降,如图 3.11 和图 3.12 所示,其原因可以解释为由于 PR 的衰减,激波在出口附近运动。如图 3.10 所示,在 120 μs 时,在出口平面下游出现了一个激波。但在 125 μs 和 130 μs 时,激波逐渐向出口平面上游移动。因此,由于激波的减速,出口马赫数和出口速度迅速降低。此外,图 3.11 和图 3.12 所示的参数表现出一定的振荡,特别是对于 Laval 构型 PSJA,产生这一现象的主要原因是 PSJ 的强湍流特性和出口附近产生激波的运动。在单脉冲 PSJ 发展的大部分时间里,射流前沿速度远低于出口速度,并且两种出口之间没有显著差异。Laval 构型 PSJA 在出口平面附近会产生较强的激波,导致速度衰减比直形 PSJA 快得多。因此,虽然采用 Laval 构型出口明显提高了出口速度,但射流前沿速度并没有明显提高。此外,黏性耗散和卷吸效应也使射流前沿速度迅速减小[10]。

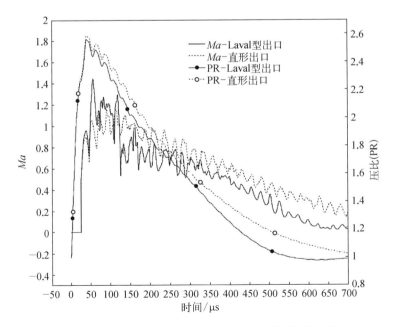

图 3.12　Q-L-5 和 Q-S-5 工况 *Ma* 和 PR 随时间的变化

接着使用最大出口速度（V_{j_max}）、最大出口马赫数（Ma_{j_max}）和最大总压比（MPR_2）三个参数对两种出口在 ε 不同时的 PSJA 特性进行评价与分析。从图 3.13 中可以看出，随着 ε 的增大，Laval 构型 PSJA 和直形 PSJA 的出口速度都不断增大。在计算工况中，$\varepsilon<5.06$ 时，Laval 构型 PSJA 最大出口速度小于直形 PSJA 最大出口速度。当 $\varepsilon>5.06$ 时，结果则相反。当 $\varepsilon>5.06$ 时，Laval 构型出口喉部的最大速度可以达到声速，因此激励器出口的最大速度高于声速，如图 3.14

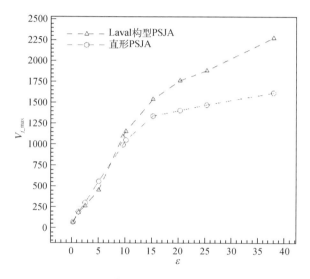

图 3.13　最大出口速度随 ε 的变化

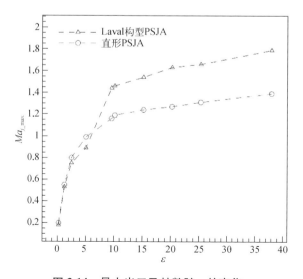

图 3.14　最大出口马赫数随 ε 的变化

所示。但是,直形 PSJA 喉部的马赫数仍然受到限制。由式(3.1)可知,在这种情况下,Laval 构型 PSJA 出口速度比直形 PSJA 出口速度要高。事实上,出口马赫数主要由 PR 决定,PR 由 ε 决定,从图 3.15 可以看出,MPR_2 随着 ε 的增大而增大。因此,在达到设计马赫数之前,出口马赫数随 PR 的增大而增大。

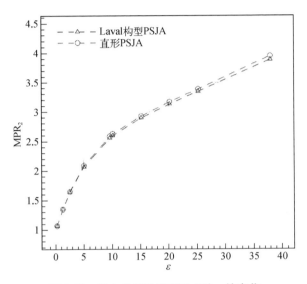

图 3.15　最大总压比(MPR_2)随 ε 的变化

3.3　Laval 构型逆向 PSJA 减阻特性研究

为了验证 Laval 构型逆向 PSJA 的控制效果,设置 8 个工况(工况 O-L-1~工况 O-L-8,O 表示"opposing(逆向)"),研究在 ε 为 0.80~80.03 条件下,$Ma3$ 流场中 Laval 构型逆向 PSJA 减阻特性,如表 3.2 所示。对直形 PSJA 设置另外 8 个输入 ε 相同的工况(O-S-1 ~O-S-8)作为对比工况。

表 3.2　$Ma3$ 流场中 Laval 构型和直形逆向 PSJA 工况设置

工况	O-L-1 (O-S-1)	O-L-2 (O-S-2)	O-L-3 (O-S-3)	O-L-4 (O-S-4)	O-L-5 (O-S-5)	O-L-6 (O-S-6)	O-L-7 (O-S-7)	O-L-8 (O-S-8)
Q	0.10	0.50	1	2	4	6	8	10
E	0.12	0.12	0.12	0.12	0.12	0.12	0.12	0.12
ε	0.80	4	8	16.01	32.01	48.02	64.02	80.03

3.3.1　Laval 构型和直形逆向等离子体合成射流流场特性对比

对于 Laval 构型和直形 PSJA，根据 MPR_2 的值（MPR_2 也由 ε 的值决定）可以将逆向 PSJ 的流场分为三种模式，其中 MPR_2 在本节指激励器腔体最大总压与弓形激波后总压之比。首先，当 $MPR_2<1$ 时，很明显 PSJA 出口不会有射流产生。图 3.16 展示了 Laval 构型逆向 PSJ 的三种流场模式。如图 3.16（a）所示，当 ε 为 0.80、MPR_2 为 1.95 时，流场呈现模式 1。随着放电腔体开始电弧放电，腔体内产生激波，并在腔内快速传播，但在流场中没有观察到前驱激波。在 120 μs 左右，在 PSJA 出口形成弱 PSJ，然后在出口两端逐渐形成两个大涡，沿球面向下游耗散成小涡，逐渐消失。当 MPR_2 增加到约 2.41（$\varepsilon=8$）时，流场呈现模式 2。PSJ 被喷射出出口后，逆向 PSJ 流场快速呈现典型的 LPM[11]。从图 3.16（b）可以看出，流场中存在反射激波和入射激波。随着 PR 的变化，LPM 是不断变化的，这主要体现为反射激波和入射激波的不断变化，以及弓形激波脱体距离先增大后减小。随着 ε 和 MPR_2 的进一步增大（$MPR_2=3.65$，$\varepsilon=32.01$），流场呈现模式 3。与模式 2 相比，逆向 PSJ 流场首先表现为典型的 SPM[11]。如图 3.16（c）所示，流场中存在明显的桶状激波。同时，由于 PR 的变化，SPM 也在不断变化，如 $t=85$ μs 到 $t=290$ μs。$t=290$ μs 后，流场逐渐转换为 LPM，与模式 2 描述相同。总体而言，在模式 1 的 PSJ 控制周期中，只能观测到较弱的 PSJ 和一些涡结构；模式 2 中逆向 PSJ 流场存在典型的 LPM；模式 3 中逆向 PSJ 流场先表现为典型的 SPM，然后转化为 LPM。相应地，对于直形 PSJA，也观察到了类似的流场模式。然而，ε 和 MPR_2 的临界值是不同的，模式 2 转换为模式 3 的 ε 和 MPR_2 临界值分别为 16.01 和 3.02，低于 Laval 构型 PSJA。

3.3.2　Laval 构型和直形逆向等离子体合成射流减阻特性对比

与流场的变化相对应，PSJ 控制下的半球体阻力（总阻力）的变化也不同。如第 2 章所述，逆向 PSJ 减阻的原因可以用激波脱体距离增加导致的半球体表面压降来解释。对于模式 1，激波脱体距离几乎不增加，整体减阻效果不明显，因此低能量 PSJ 不适用于半球体减阻。对于模式 2，与激波脱体距离先增大后减小相对应，半球体阻力先减小后恢复至基准阻力。如图 3.17 所示，Laval 构型最小阻力比直形 PSJA 的最小阻力大，这也反映在最大激波脱体距离上，如图 3.18（a）和（b）所示，O-L-2 工况下的最大激波脱体距离略小于 O-S-2 工况。模式 3 中，半球体阻力存在两个低谷，分别是由高 PR 时的 SPM 和低 PR 时的 LPM 引起的，如图 3.19 所示。与之相应，在 SPM 和 LPM 中可以观察到两个峰值激

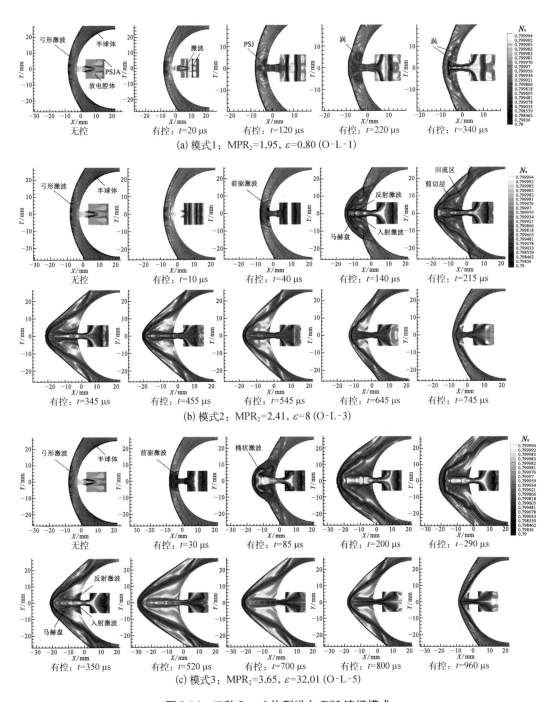

图 3.16　三种 Laval 构型逆向 PSJ 流场模式

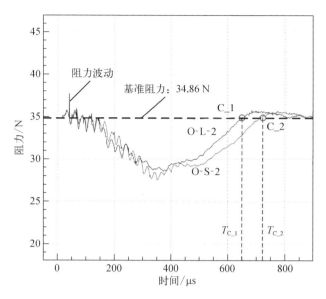

图 3.17　O-L-2 和 O-S-2 工况阻力随时间的变化

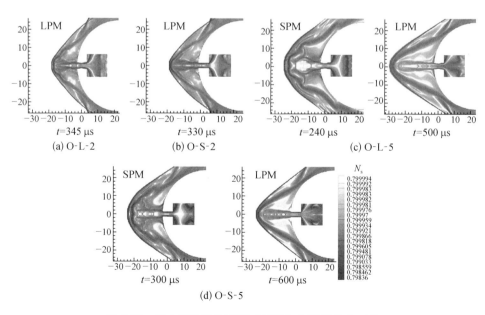

图 3.18　最大激波脱体距离时刻逆向 PSJ 的流场对比

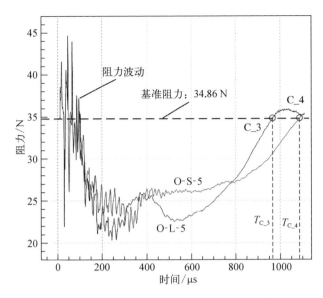

图 3.19 O-L-5 和 O-S-5 工况阻力随时间的变化

波脱体距离,分别出现在 240 μs 和 500 μs,如图 3.18(c)所示。在 O-S-5 工况下,第二个波谷不明显,LPM 的激波脱体距离接近 SPM,因此阻力从 400 μs 到 800 μs 的变化是一个较为平缓的过程。此外,O-L-5 工况下 SPM 和 LPM 的最小阻力值均低于 O-S-5 工况,这也反映在最大激波脱体距离中,如图 3.19(c)和(d)所示。两个工况最低阻力和最大激波脱体距离的对比表明,Laval 构型 PSJA 的控制能力强于直形 PSJA。

根据第 2 章的定义,可主要采用平均减阻来评价射流对于半球体的减阻效果。在 PSJ 喷射后,PSJA 将经历一个气体回填期,但很明显,T_C 后的时间对减阻是无用的,因此,PSJA 的工作频率需要设置为 $1/T_C$ 或更高,以达到最佳减阻效果。为了实现 PSJA 的实际应用,需要采用一些方法来缩短气体回填时间,如 Emerick 等[12]所描述的充气方法。本节主要讨论了 T_C 时刻之前的减阻特性,比较了两种出口 PSJA 的控制能力。所有计算工况的平均减阻率如图 3.20 所示,可以发现,无论是 Laval 构型还是直形 PSJA,在一定范围内,平均减阻率随 ε 的增大而增加,当 ε 过大时,由于与 PSJ 形成过程相关的"阻力上升"现象较为严重,减阻效果反而降低。PSJ 形成过程中的"阻力振荡"包含了"阻力上升",如图 3.17 和图 3.19 所示,这在第 2 章已经进行了详细介绍。Laval 构型和直形 PSJA 分别在 $\varepsilon = 48.02$ 和 $\varepsilon = 16.01$ 时取得减阻效果最优值 25.82% 和 20.55%,如图 3.20 所示。减阻效果最优的流场模式均为模式 3,这说明模式 3 更利于逆向 PSJ 减阻。

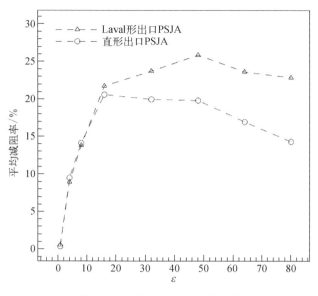

图 3.20　平均减阻率随 ε 的变化

$\varepsilon<8$ 时，与直形 PSJA 相比，Laval 构型 PSJA 的减阻效果略低。当 $\varepsilon>8$ 时，Laval 构型 PSJA 减阻效果明显较好。其原因可以通过流场和阻力的变化以及 Laval 构型 PSJA 的特性来解释。当 ε 较小时，Laval 构型 PSJA 的速度没有达到声速，因此速度低于直形 PSJA，逆向 PSJA 的控制能力也较弱，O-L-2 工况和 O-S-2 工况的典型结果如图 3.17 和图 3.18 所示。最大激波脱体距离和最小阻力值均表明，Laval 构型 PSJA 的控制效果较差，因此 O-L-2 工况下的平均减阻效果低于 O-S-2 工况。而当 ε 足够大时，Laval 构型 PSJA 速度达到超声速，控制能力和减阻效果均得到显著提高，O-L-5 工况和 O-S-5 工况的典型结果如图 3.18 和图 3.19 所示。此时，SPM 模态和 LPM 模态的最大激波距离和最小阻力均表明 Laval 构型 PSJA 控制效果更好，因此 O-L-5 工况下的平均减阻效果高于 O-S-5 工况。此外，对于 Laval 构型 PSJA，达到最佳减阻效果所需的 ε 也有所增加。因此，在 PSJA 的实际应用中，应对不同出口 PSJA 施加合适的 ε。

3.4　本章小结

本章采用数值模拟的方法研究了 Laval 构型 PSJA 的特性，同时也模拟了直形 PSJA 进行对比;通过压力测量实验和纹影实验对数值模拟方法进行了验证,并通过其在 $Ma3$ 流场逆向喷流减阻的应用来验证其性能,主要结论如下。

(1) 当 $\varepsilon>5.06$ 时,Laval 构型 PSJA 的最大出口速度达到超声速,且高于直形 PSJA,但当 $\varepsilon<5.06$ 时,结果相反。对于 PSJA,射流前沿速度远低于出口速度,将直形改为 Laval 构型时,由于出口附近激波的减速作用,射流前沿速度没有明显提高。

(2) 对于几何固定的 PSJA,根据 MPR_2 和 ε 的大小,单脉冲逆向 PSJ 的流场可分为三种模式。对于模式 1,流场中只可以观察到涡结构和弓形激波的轻微变化;对于模式 2,逆向 PSJ 流场表现为典型的 LPM;对于模式 3,流场中可以观察到 SPM 和 LPM。Laval 构型和直形 PSJA 的模式转换临界值分别为 $\varepsilon=8$($MPR_2=2.41$),$\varepsilon=32.01$($MPR_2=3.65$)和 $\varepsilon=8$($MPR_2=2.41$),$\varepsilon=16.01$($MPR_2=3.02$)。对应于流场变化的差异,PSJ 控制下半球体阻力的变化也有所不同,与激波脱体距离的变化相对应。

(3) 对于 Laval 构型和直形 PSJA,在一定范围内,平均减阻率随 ε 的增大而增大,但 Laval 构型 PSJA 当 $\varepsilon>48.02$ 时、直形 PSJA 当 $\varepsilon>16.01$ 时,减阻效果反而降低。当 $\varepsilon<8$ 时,与直形 PSJA 相比,Laval 构型 PSJA 减阻效果略低,而当 $\varepsilon>8$ 时,Laval 构型 PSJA 减阻效果明显更好。在 $\varepsilon=48.02$ 和 $\varepsilon=16.01$ 时,Laval 构型和直形 PSJA 的最大平均减阻率分别为 25.82% 和 20.55%。

参考文献

[1] Reedy T M, Kale N V, Dutton J C, et al. Experimental characterization of a pulsed plasma jet[J]. AIAA Journal, 2013, 51(8): 2027 – 2031.

[2] Zong H H, Kotsonis M. Formation, evolution and scaling of plasma synthetic jets[J]. Journal of Fluid Mechanics, 2018, 837: 147 – 181.

[3] 王治军,常新龙,田干,等.液体火箭发动机推力室设计[M].北京:国防工业出版社,2014.

[4] Popkin S H, Cybyk B Z, Foster C H, et al. Experimental estimation of SparkJet efficiency[J]. AIAA Journal, 2016, 54(6): 1831 – 1845.

[5] Wu M, Martin M P. Direct numerical simulation of supersonic turbulent boundary layer over a compression ramp[J]. AIAA Journal, 2007, 45(4): 879 – 889.

[6] Wang L, Xia Z X, Luo Z B, et al. Three-electrode plasma synthetic jet actuator for high-speed flow control[J]. AIAA Journal, 2014, 52(4): 879 – 882.

[7] Belinger A, Naudé N, Cambronne J P, et al. Plasma synthetic jet actuator: Electrical and optical analysis of the discharge[J]. Journal Physics D: Applied Physics, 2014, 47: 345202.

［ 8 ］ Zong H H, Cui W, Wu Y et al. Influence of capacitor energy on performance of a three-electrode plasma synthetic jet actuator［J］. Sensors and Actuators A：Physical, 2015, 222：114－121.

［ 9 ］ Geng X, Zhang W L, Shi Z W, et al. Experimental study on frequency characteristics of the actuations produced by plasma synthetic jet actuator and its geometric effects［J］. Physics of Fluids, 2021, 33(6)：067113.

［10］ Zong H H, Kotsonis M. Effect of slotted exit orifice on performance of plasma synthetic jet actuator［J］. Experiments in Fluids, 2017, 58(3)：17.

［11］ Sharma K, Nair M T. Combination of counterflow jet and cavity for heat flux and drag reduction［J］. Physics of Fluids, 2020, 32(5)：056107.

［12］ Emerick T, Ali M Y, Foster C, et al. SparkJet characterizations in quiescent and supersonic flowfields［J］. Experiments in Fluids, 2014, 55(12)：1858.

第4章

充气式等离子体合成射流激波减阻特性研究

作为一种通过击穿腔体内空气产生高速射流的流动控制装置,腔体内空气的含量显著影响 PSJA 的性能。例如,高频工作或应用于高空或超声速、高超声速流场等稀薄气体环境时,PSJA 的性能将显著下降[1,2],主要体现在两方面:一是随着工作环境空气变稀薄,PSJA 腔体内气压显著降低,根据巴申定律,相同电极间距下气体击穿电压显著降低,相应的 PSJA 能量输入显著降低,形成的射流显著减弱;二是 PSJA 高频工作性能的降低,PSJA 工作频率始终受到吸气复原阶段的限制,稀薄的气体环境使得 PSJA 吸气复原更加困难,从而使得 PSJA 工作频率难以提高。

在第 2 章和第 3 章的分析中,在单脉冲 PSJ 控制半球体减阻的一个周期中,T_C 时刻之后的时间是没有减阻效果的,因此在激励器的实际应用中,应考虑将激励器的工作频率设置为 $1/T_C$ 或更高,以保证较好的减阻效果。然而,由于 T_C 时刻吸气复原阶段尚未结束,随着 PSJA 高频工作,其腔体内的空气将逐渐减少,直至不能形成有效的电弧放电,因此 PSJA 难以一直维持如此高的工作频率。综上所述,采取有效的措施维持 PSJA 腔体内空气含量是必要的,Emerick、刘汝兵、周岩等均提出采用充气的方式为 PSJA 腔体进行供气,并且周岩的初步实验表明,充气对于 PSJ 流场特性及速度特性有一定影响,例如,PSJ 由半球形变为尖锥形,射流速度有一定提高。

然而,充气式 PSJA 的详细特性研究及其应用于超声速/高超声速流动控制等方面的研究较为匮乏。本章对充气式 PSJA 的静态流场特性及超声速/高超声速激波减阻开展实验与数值模拟研究:一方面,分析不同压比充气压力下 PSJA 的工作特性;另一方面,研究充气式 PSJA 对高焓高超声速流场条件下斜劈激波的控制效果,以及超声速逆向充气式 PSJ 的减阻特性。

4.1　实验与数值模拟设置

4.1.1　实验设置

实验在中国科学院力学研究所 JF-X 激波风洞中进行。如图 4.1 所示,风洞由约 20 m 长的管道组成,包括爆轰驱动段、被驱动段(激波管段)、喷管、实验段、真空仓和卸爆段。爆轰驱动段和被驱动段长度分别为 5.5 m 和 6.5 m,直径均为 126 mm。喷管长度为 1.5 m,喷管出口直径为 0.5 m。实验段长度为 1 m,直径为 0.8 m。实验段设有水平和垂直光学石英玻璃窗口,用于流动显示。实验段基本流场参数如表 4.1 所示。

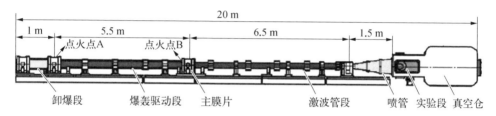

图 4.1　JF-X 激波风洞示意图

表 4.1　JF-X 激波风洞实验段来流参数

参　　数	大　　小	单　　位
马赫数	6.9	—
速度	3 439	m/s
总温	4 490	K
静温	688	K
总压	6.4	MPa
静压	1 458	Pa
持续时间	5	ms

放电电路示意图及实验模型如图 4.2 所示。PSJA 嵌入中心平板内,中心平板安装于激波风洞实验段。PSJA 的腔体为长方体,长、宽、高分别为 12 mm、

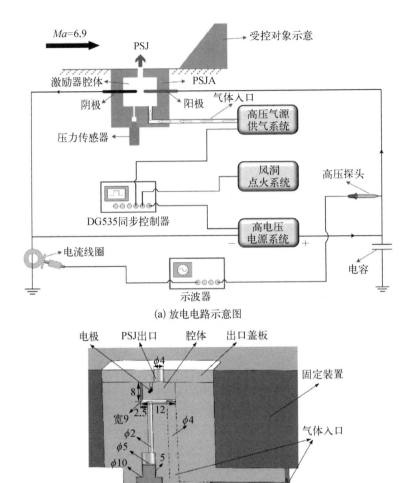

(a) 放电电路示意图

(b) PSJA实验模型截面图(单位：mm)

图 4.2　放电电路示意图与实验模型示意图

9 mm、8 mm，PSJA 上部盖有一个出口盖板，盖板中心有一个直径为 4 mm 的圆形出口，即 PSJA 出口。腔体内安装直径为 1 mm 的两个钨电极(阳极和阴极)，用于击穿腔体内气体，电极间距为 4 mm。在 PSJA 出口下游布置受控斜劈，如图 4.2 (a)所示。NS-3 压力传感器由两个尺寸分别为直径 5 mm、高度 5 mm 和直径 10 mm、高度 18 mm 的圆柱体组成，用于测量腔体内的压力(绝对压力)。NS-3 压力传感器的不确定度为 0.4 kPa，由厂家校准。采用直径为 4 mm 的气管供应高压空气。采用开关电源、电磁阀和固态继电器控制供气系统的通断。电源系统主要由高压脉冲电源(KD-1 型,西安交通大学设计)组成,可提供略高于 10 kV 的电压。高压脉冲电容电源主要包括 500 V、1 000 W 直流电源、IGBT 和 1∶20 高压脉冲变压器。此外,还设置了 0.32 μF 的电容在电路中存储能量,用于加速 PSJA 的放电。采用 P6015A 高压探头和 Pearson 电流线圈分别测量阳极和阴极之间的放电电压和电流,并采用 DPO4104 示波器同时记录和存储。电压和电流测量的不确定度分别为 0.4 kV 和 0.1 kA,由测量误差和相同条件下的十组测量数据得出。触发装置采用 DG535 四路数字延时脉冲信号发生器,其中电源和电参数测量装置与 3.1.1 节的介绍一致。

纹影系统以透射方式布置,由点光源、高速数码相机、两个凸透镜和一个刀口等组成,如图 4.3 所示。光源为球形短弧氙灯(XQ 型,500W),使用两个焦距为 2.5 m 的凸透镜对光线进行校准。使用 Photron FASTCAM SA-Z 相机和 AF NIKKOR 80-200 mm f/2.8D ED 镜头捕捉纹影图像。曝光时间设置为 1.2 μs,以提供流动的瞬时快照,相机的空间分辨率为 0.2 mm/像素,图像的最小分辨率为 0.5 像素,因此,纹影图像测量的前驱激波和 PSJ 位置的不确定度为±0.1 mm。为了保证纹影图像的分辨率,本实验将帧频设置为 70 000 帧/s 和 75 000 帧/s,因此两幅图像之间的时间间隔(Δt)分别为 14 μs 和 13.3 μs。

图 4.3　风洞实验中纹影设置示意图[3]

在风洞实验之前,首先进行充气式 PSJA 静态实验,相比前述风洞实验设置,不同之处仅在于没有风洞来流,纹影设置采用第 3 章描述的 z 型模式。

4.1.2　数值模拟设置

本节采用的数值模拟设置与前文介绍基本一致,主要变化在于将原先设置为"壁面"边界条件的 PSJA 底部更改为"压力入口"边界条件,从激励器底部喷射"声速"射流(通过给定的压力入口总压和静压确定),而从激励器出口喷射的射流参数则由射流总压与环境压力的相对值确定。激励器底部喷射定常射流会产生较大反作用力,因此总阻力还应加上喷射总压与底部面积的乘积[4]。

4.2 充气式等离子体合成射流静态特性实验与数值模拟研究

4.2.1 充气式等离子体合成射流实验研究

图4.4为腔体充气压力(充气时 PSJA 腔体内静压)为 133 kPa 时 PSJA 放电电压和电流波形。由图可见,击穿电压约为 9.2 kV,峰值电流约为 2 kA,电压电流呈振荡衰减,为典型的 LRC 电路放电电压电流变化形式。根据气体放电帕邢(Paschen)定律,当电极间距固定在 4 mm 时,腔体压力的增大对 PSJA 放电影响较大,由图4.5可以看出,从真空状态到超过大气压,击穿电压和峰值电流随着腔体充气压力的增大基本呈现线性关系,图中误差条是通过 10 次重复测试得到的。

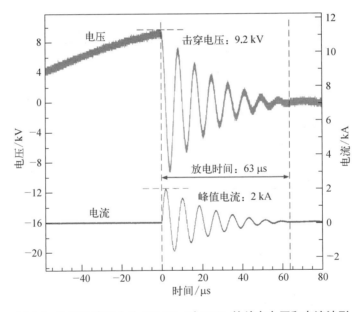

图 4.4 充气腔体压力为 133 kPa 时 PSJA 的放电电压和电流波形

充气腔体压力为 133 kPa 时,PSJA 在静止空气中的流场演化如图4.6所示。放电前,不断有较强的定常射流从 PSJA 出口喷出,出口处存在较为明显的激波与马赫盘结构。放电后,PSJ 和前驱激波迅速从腔体中喷射出来,显然,相比未充气工况下的半圆状[5-9],腔体充气压力为 133 kPa 时,PSJ 和前驱激波更为突出,呈现尖锥形,这种现象是由定常射流的存在造成的,即定常射流对于 PSJ 有一

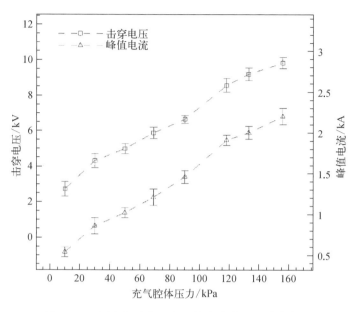

图 4.5　不同充气腔体压力下的击穿电压和峰值电流

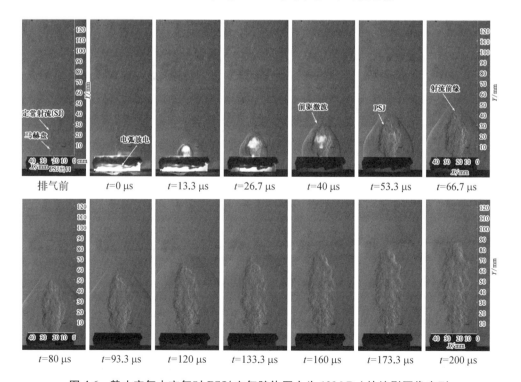

图 4.6　静止空气中充气时 PSJ (充气腔体压力为 133 kPa) 的纹影图像序列

定的诱导作用并使得射流能量更加集中于射流喷射方向(垂直于 PSJ 出口)。根据射流前沿在纹影图像序列中的位置差,可以计算射流前沿速度[5-9]。如实验设置中所述,相机的空间分辨率为 0.2 mm/像素,每帧间隔约为 13.3 s(帧频为 75 000 帧/s)。因此,计算得到速度误差约为 15 m/s。估算的射流前沿速度如图 4.7 所示,使用的数据来自相同条件下五个纹影结果的平均值。可以看到,充气时 PSJ 速度(最高 830 m/s)远高于无充气(小于 500 m/s)时的速度[5-9],但 PSJ 速度变化特性基本不变,自 PSJ 喷出后,速度迅速达到最高值,随后随着腔体压力减小以及黏性耗散和卷吸作用等逐渐衰减。

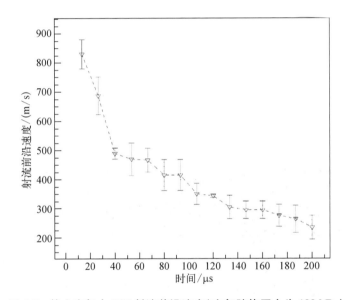

图 4.7　静止空气中 PSJ 射流前沿速度(充气腔体压力为 133 kPa)

4.2.2　充气式等离子体合成射流数值模拟研究

通过实验得到的关于射流的数据较少,因此本节接着对充气式 PSJ 进行数值模拟研究。环境压力保持为 20 kPa 低压环境不变,通过改变射流总压来改变内外压比,射流总温为 300 K。

首先,不同充气压比下的定常射流流场如图 4.8 所示。当压比较小时(PR = 2),射流出口未形成明显的马赫盘结构,仅在射流出口通道内存在一系列激波结构,随着压比的增大(PR = 4,6,8,10),射流出口处产生了一系列马赫盘结构,这与前述实验纹影(PR = 6.65)得到的结果一致,并且可以明显看到:射流的强度随着压比的增大而逐渐增强;随着压比进一步增大(PR = 20),射流出口处形成较强的"桶状激波",上述现象与第 2 章和第 3 章中描述的逆向喷流流场中 LPM、SPM 的流场结构较为类似。

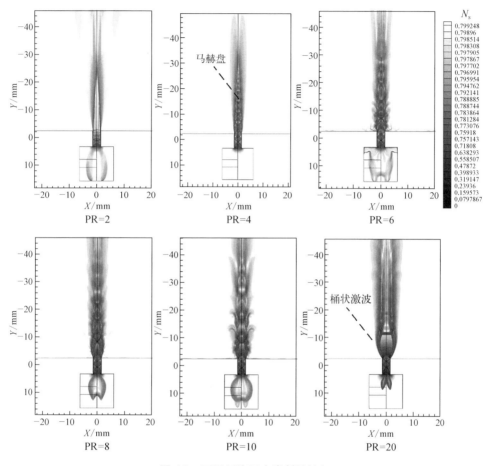

图 4.8 不同压比下定常射流流场

相应地,随着压比的增大,射流出口参数(出口平面的平均值)也有较大不同:首先,根据式(2.12),出口最大质量流量与射流总压成正比,数值模拟得到的质量流量变化符合该规律,如表 4.2 所示;而该出口为直形出口,因此出口马赫数总是受到限制,这在 3.2.2 节中也有分析。从数值模拟结果来看,当压比大于 4 后,出口马赫数为 1.34~1.36,出口静温为 220~223 K,出口速度约为 403 m/s,波动约为 3 m/s。对于压比等于 2 的工况,出口马赫数为 0.88,事实上该压比已经超过声速临界压比,但由于此时出口平面马赫数分布为中心高(已达到超声速,马赫数略高于 1),靠近壁面低,参考图 3.10,因此出口马赫数小于 1,如表 4.2 所示。

表 4.2　不同压比定常射流参数对比

压比(PR)	出口平均速度/(m/s)	出口马赫数(Ma)	出口静温/K	质量流量/(g/s)
2	281	0.88	259	0.537 6
4	390	1.31	224	1.087 6
6	403±3	1.34	221	1.604 7
8	403±3	1.34	223	2.156 1
10	403±3	1.35	222	2.676 9
20	403±3	1.36	220	5.394 0

　　然后,选取压比为 4 的工况进行充气式 PSJA 的数值模拟,并模拟了相同无量纲能量输入条件下(充气时放电能量输入 2J,$\varepsilon \leqslant 6.67$)无充气 PSJA 作为对比。图 4.9 展示了有充气条件下的 PSJ 流场演化过程,无充气时(静止空气中)流场演化特征已在图 3.9 展示,这里不做重复展示。无充气时出口处产生半圆状前驱激波,并且有多个涡结构产生;而有充气时,尖锥状的前驱激波与 PSJ 从出口喷出,这与 4.3.1 节中静态纹影实验结果相符合,而随着 PSJ 的喷出,一直存在于 PSJA 出口附近的激波系不断运动,但未发现流场中存在明显的涡结构。

　　接着,对比有无充气条件下的参数特性。从出口速度来看,无充气时,出口速度由 0 开始逐渐增加,在大约 100 ms 达到最大值 222 m/s,随后在大约 593 ms 时刻出口速度回到 0,此后 PSJ 喷射阶段结束,开始进入吸气复原阶段。相比之下,有充气时,首先 PSJA 出口一直有速度为 390 m/s 的定常射流,放电后出口速度变化整体趋势与未充气时较为类似,但速度整体呈现振荡性变化,这与 PSJA 放电后腔体内激波的运动以及总压的变化有关。如图 4.10(b)所示,无充气时腔体压力在放电后由初始状态上升到峰值后慢慢降低,而有充气时腔体压力则呈振荡衰减,即围绕充气压力值上下振荡变化,且振荡峰值逐渐减小,分析认为这是由于充气射流的不断补充。首先,放电后热源不断使腔体加热升压,此时腔体总压不断升高,可以看到已经大于充气射流的总压,此时暂时无法向腔体内充气,并且随着残留定常射流与 PSJ 开始喷射,腔体内压力会有一定的降低。因此,在放电后约 33 ms,腔体压力达到峰值 97.1 kPa。然后,随着 PSJ 的快速喷射,腔体压力开始快速降低,并且逐渐低于充气总压 80 kPa;此后腔体又开始充气,并且由于充气射流的惯性以及腔体余热对于新注入气体的加热升压,腔体

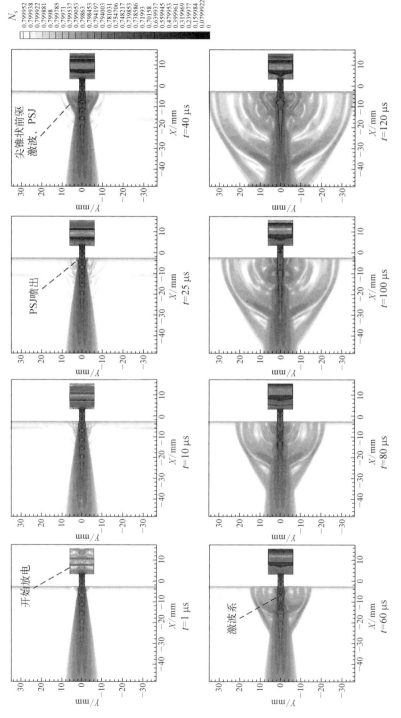

图 4.9　有充气时 (PR = 4) PSJ 流场演化过程数值模拟

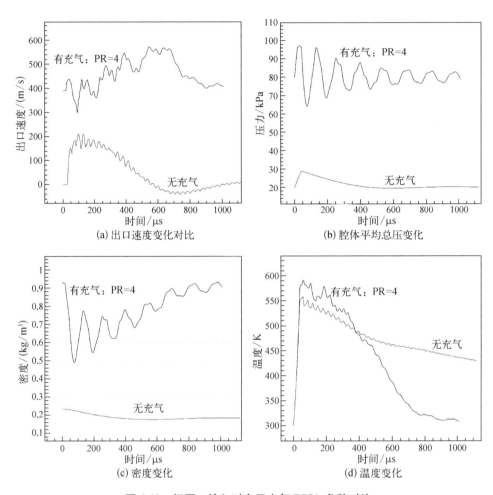

图 4.10 相同 ε 输入时有无充气 PSJA 参数对比

的压力会进一步升高到大于充气压力 80 kPa,随后重复前述过程。从腔体内密度和温度的变化来看,未充气时腔体密度在放电后逐渐降低,并且需要较长时间进行吸气复原,如图 4.10(c)和(d)所示。由于未充气时腔体的热量累积,腔体温度仍然维持约 500 K 的高温,相应的腔体的密度也低于初始密度。因此可以预测,若 PSJA 工作在高频状态,其性能将随着温度的升高和密度的降低显著下降甚至出现哑火现象,而充气后则有显著改善。充气时腔体内密度约为 0.93 kg/m³,远高于未充气时的初始密度 0.23 kg/m³,较高的初始压力和密度将显著提高能量输入。放电后,随着射流的喷射及腔体温度的升高密度达到最低值 0.49 kg/m³,仍然显著高于未充气状态;接着,由于充气射流的不断补充,腔体密度振荡性回升至基本与放电前一致,而充气后腔体温度也由于充气低温工质的补充,在放电后约 1 000 ms 降低到了初始状态,避免了热量累积现象。

最后,经过上述特性分析,可以总结得到充气式 PSJA 的显著优势:一是烧蚀风险低。无充气时较长时间内 PSJA 腔体仍然维持在约 450 K 的高温。若 PSJA 工作在高频状态,PSJA 腔体内热量将不断累积,使得激励器腔体难以承受,并且会降低激励器温升效应,进而降低 PSJA 性能,而充气式 PSJA 则受高频工作状态影响较小。二是激励器高频工作性能显著提升。对于高频工作的 PSJA,可定义一个腔体可高性能工作的临界密度,对于充气式 PSJA,在本节典型放电工况下,腔体密度始终高于 0.49 kg/m³,并且很快恢复至初始状态 0.93 kg/m³,因此充气式 PSJA 的工作频率在满足温度等要求的情况下可以显著提高,而无充气时则需要满足前文描述的"饱和工作频率"与"临界放电频率",频率提升始终受限。三是射流速度的显著提升。本节典型工况下,在相同的无量纲能量输入条件下,无充气时射流出口速度峰值仅为约 222 m/s,而有充气时,射流出口速度峰值则达到约 572 m/s,提升了约 1.58 倍。

4.3　充气式等离子体合成射流激波减阻特性研究

4.3.1　充气式等离子体合成射流激波控制特性实验研究

高超声速流动中激波会带来较大的激波阻力,并且同类型激波之间的相互作用,特别是激波交点处,会产生极高的局部热流,严重制约高超声速飞行器的发展。这种类型的激波-激波干扰,也称为 Edney VI 型干扰[10],广泛存在于高超声速流动中。本节将开展充气式 PSJA 对 VI 型激波-激波干扰的控制研究。

图 4.11 是本节实验模型的示意图。斜劈 1 和斜劈 2 的角度分别为 30° 和 45°,斜劈 2 和 PSJA 均位于斜劈 1 上。在高超声速流动中,两个斜面会产生两个斜激波,并且在某个地方会有一个激波交点,来流条件(马赫数、总压总温等)、PSJA 腔体以及充气等设置与 4.1.1 节中描述的一致。

如表 4.3 所示,本节设置了三个工况,以研究单脉冲 PSJ 对激波及激波交叉点的控制效果,放电频率设置为 1 Hz。通过比较工况 1 和工况 2,可以看出电容的增加对击穿电压和峰值电流的影响不大。从工况 3 与工况 1 的对比可以看出,当充气腔体压力为 84 kPa 时,击穿电压和峰值电流显著增加,放电能量随电

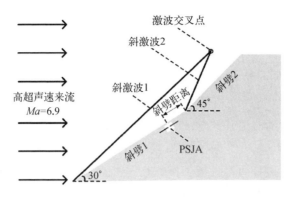

图 4.11　激波-激波干扰控制实验模型示意图

容和充气腔体压力的增大而增大,放电持续时间也随放电能量的增大而增大
(放电波形图参考图 4.4)。

表 4.3　实验工况设置及电参数比较

参　　数	工况 1	工况 2	工况 3
电容/μF	0.64	1.6	0.64
斜劈距离/mm	2	2	10
充气腔体压力/kPa	18	18	84
击穿电压/kV	3.6	3.32	8.3
峰值电流/kA	1.2	1.7	2.52
放电能量/J	4.1	8.8	22
放电持续时间/μs	53	68	90

　　图 4.12 利用纹影图像显示了工况 2 中 PSJ 与激波-激波干扰的相互作用过
程。相机帧频为 70 000 帧/s,因此拍摄时两幅图像之间的时间间隔约为 14 μs。
在放电前($t = -14$ μs)存在两个斜激波(激波 1 和激波 2)和一个激波交叉点(点
C)。$t = 0$ μs 为开始放电时间。从 $t = 0$ μs 到 28 μs,PSJ 和 PSJ 激波的覆盖范围
逐渐增大,PSJ 完全消除了激波交点 C 和激波 2,而由激波 1 和 PSJ 激波形成的
新的激波交点 D 则在上游形成,并逐渐向上游移动,直到 $t = 28$ μs。$X = 0$ 对应于
C 点的 X 坐标,因此 D 点的 X 坐标反映了 C 点与 D 点之间的距离。D 点的位置
可以代表 PSJ 激波的覆盖范围,在一定程度上反映了 PSJ 和 PSJ 激波的控制效
果。在 $t = 28$ μs 时,PSJ 激波的覆盖范围几乎包含了整个激波 2 和部分激波 1。

从 $t = 28\,\mu s$ 到 $t = 98\,\mu s$,PSJ 和 PSJ 激波逐渐减弱,激波 2 逐渐恢复,同时,新的激波交点 D 继续向下游移动。约 $98\,\mu s$ 后,D 点与 C 点重合并保持稳定。但仍有较弱的 PSJ 和 PSJ 激波在出口形成。在 $350\,\mu s$ 左右,流场完全恢复到放电前的状态。所以在 PSJ 的控制下,除消除激波外,激波交叉点的运动有望降低局部的高热流。

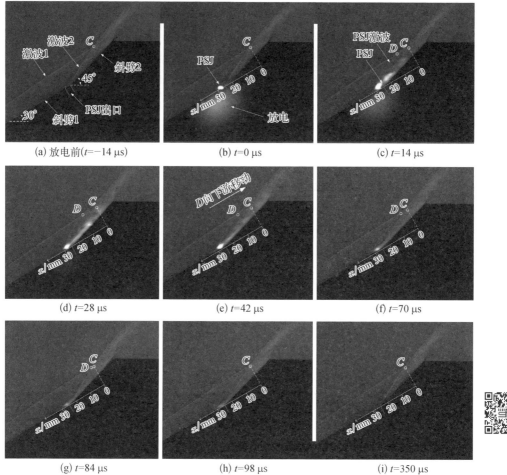

(a) 放电前($t = -14\,\mu s$)　　　　(b) $t = 0\,\mu s$　　　　(c) $t = 14\,\mu s$

(d) $t = 28\,\mu s$　　　　(e) $t = 42\,\mu s$　　　　(f) $t = 70\,\mu s$

(g) $t = 84\,\mu s$　　　　(h) $t = 98\,\mu s$　　　　(i) $t = 350\,\mu s$

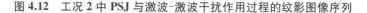

图 4.12　工况 2 中 PSJ 与激波–激波干扰作用过程的纹影图像序列

图 4.13 为三个工况 $t = 28\,\mu s$ 时刻的纹影图像。在 $t = 28\,\mu s$ 时,三种情况下 D 点的 X 坐标均达到最大值,这也反映了 PSJ 对激波–激波干扰的最佳控制效果。通过比较图像,一方面,从 D 点 X 坐标的增加(7 mm、9.5 mm、28.2 mm)可以看出,从工况 1、工况 2 到工况 3,PSJ 和 PSJ 激波的覆盖范围逐渐增加;另一方面,在工况 2

和工况 3 中,很明显,PSJ 和 PSJ 激波完全消除了激波 2 和激波交叉点 C;而工况 1 中仍有部分激波 2 未被消除。以上分析表明,工况 2 中放电电容的增大和工况 3 中充气腔体压力的增大有助于提高 PSJ 对激波-激波干扰的控制能力。

(a) 工况1:$t=28$ μs　　(b) 工况2:$t=28$ μs　　(c) 工况3:$t=28$ μs

图 4.13　三个工况中 PSJ 对激波-激波干扰控制效果的对比

三个工况下 D 点 X 坐标随时间的具体变化如图 4.14 所示。对于工况 1 和工况 2,D 点 X 坐标在 $t=28$ μs 处达到最大值,分别为 7 mm 和 9.5 mm。之后,由于 PSJ 和 PSJ 激波的减弱,D 点的 X 坐标逐渐减小。工况 5 的 $t=98$ μs 和工况 2 的 $t=84$ μs 后,D 点和 C 点重合,D 点的 X 坐标稳定在 0 mm。对于工况 3,由于斜劈距离增加(10 mm)以及定常射流(steady jet, SJ)和定常射流诱导激波(SJ

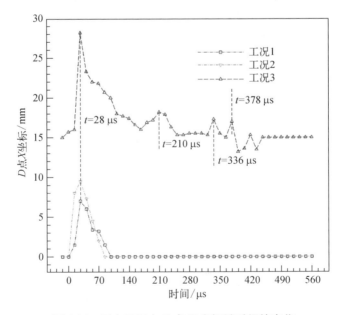

图 4.14　三个工况中 D 点 X 坐标随时间的变化

shock）的存在，D 点在 $t=0$ μs 处的 X 坐标约为 15 mm，$t=28$ μs 时，D 点的 X 坐标最大值为 28.2 mm。在工况 3 中有多次 PSJ 喷射，由图 4.14 可知，在 $t=210$ μs、$t=336$ μs 和 $t=378$ μs 时，第 2 次、第 3 次和第 4 次 PSJ 喷射对应的每个时间点都有一个小的峰值。值得注意的是，后续产生的 PSJ 比第一次弱得多。$t=378$ μs 后，D 点的 X 坐标逐渐稳定在 15 mm 左右，振荡较小。

　　从图 4.12 的纹影图像和图 4.15 的流动特征示意图可以解释充气及 PSJ 控制下部分斜劈激波被消除的现象。一方面，SJ 激波和 PSJ 激波降低了来流马赫数，提高了来流温度（$Ma_1 < Ma_\infty$，$T_1 > T_\infty$；$Ma_3 < Ma_\infty$，$T_3 > T_\infty$），因此 SJ 激波和 PSJ 激波覆盖下的斜劈激波减弱。另一方面，SJ 和 PSJ 可以看作新的更厚的边界层，导致边界层中的声速线在一定程度上向上移动。此外，PSJ 作为一种高温射流，如前文给出的数值模拟温度，文献中采用数字散斑层析成像测量的 PSJ 出口[11]下游约 1.85 mm 处峰值温度约为 1 600 K，而一旦壁面和边界层受热，局部马赫数会迅速下降，相应的边界层中的声速线会进一步迅速上升[10]。综上所述，PSJ 对斜劈激波的消除主要是由 PSJ 激波的形成、边界层的增厚以及局部流场的加热使得边界层中的声速线向上运动导致的。

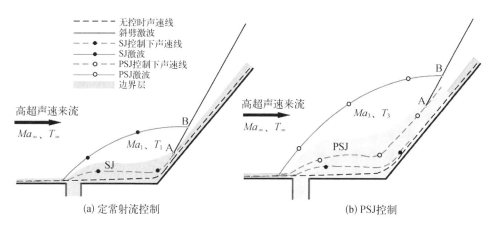

图 4.15　定常射流/PSJ 控制下流场特征与声速线示意图

4.3.2　充气式逆向等离子体合成射流特性数值模拟研究

　　开展充气条件下逆向 PSJ 减阻数值模拟研究。无放电时，即仅使用充气定常射流进行逆向喷流减阻，已经有大量的研究[12-19]，本节首先对第 2 章、第 3 章研究的半球体进行了充气逆向喷流数值模拟，不同压比下的逆向喷流流场对比如图 4.16 所示。可以看到，在压比较小时，流场呈现 LPM，流场中存在一系列

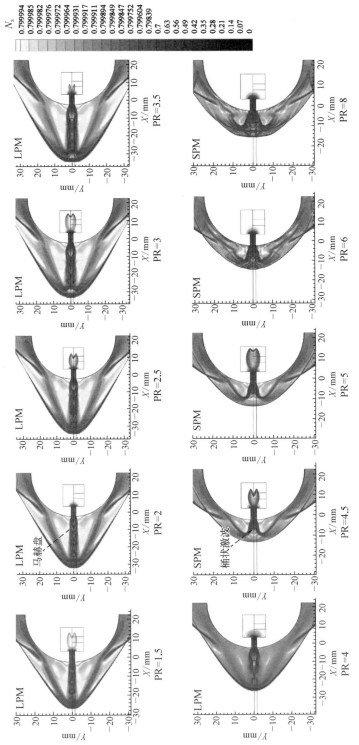

图 4.16　仅充气时逆向喷流流场特征随充气压比的变化

入射激波、反射激波及马赫盘结构,并且激波脱体距离较大。在此模式下,随着 PR 的增大,半球体阻力不断减小,减阻率不断升高,最高减阻率达 42.54%,如图 4.17 所示。当 PR 增加到 3.5~4.5 时,流场模式进入过渡段,射流出口激波逐渐转为桶状激波,流场模式逐渐转为 SPM,相应的激波脱体距离变短,阻力突升,减阻效果由 PR = 3.5 时的 42.54% 降低为 PR = 4.5 时的 11.63%,在 SPM 下,随着压比增大,减阻效果略微上升,但总体仍远低于 LPM 时的减阻效果。

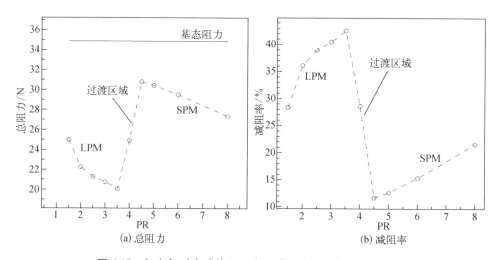

图 4.17　仅充气时半球体总阻力及减阻率随充气压比的变化

首先,选取 PR = 2(LPM)和 PR = 8(SPM)两个状态进行充气式 PSJA 逆向喷流减阻的研究,即在上述充气逆向喷流的基础上进行放电,数值模拟方法与第 3 章所介绍的一致。首先选取输入放电能量为 16 J 时作为典型工况进行分析,两种工况下流场演化过程如图 4.18 和图 4.19 所示。对于 SPM 放电,由于充气射流喷射压比已经较高,放电后未能看到出口有明显的 PSJ 及 PSJ 激波喷出,但放电后,出口处的桶状激波不断运动和变化,并且弓形激波脱体距离不断增大和减小,相应的半球体阻力也不断振荡变化,但总体而言,激波脱体距离增加的时间段较多。从图 4.20 也可以看出,放电后阻力在大多数时刻低于仅有充气逆向喷流的情况,放电后平均减阻率提升约 9.64%;从图 4.18 中 200 μs、500 μs 等时刻还可以看出,放电后桶状激波两侧产生涡的能力明显增强。而对于 LPM 模式放电,由于充气射流喷射压比较小,放电后尖锥形 PSJ 及前驱激波迅速喷出,并且此时压比已经超过转换为 SPM 的临界值,流场中出现桶状激波,但 LPM 并未完全被改变,因为整体激波脱体距离并未随着放电的开始而减小为 SPM 状态时

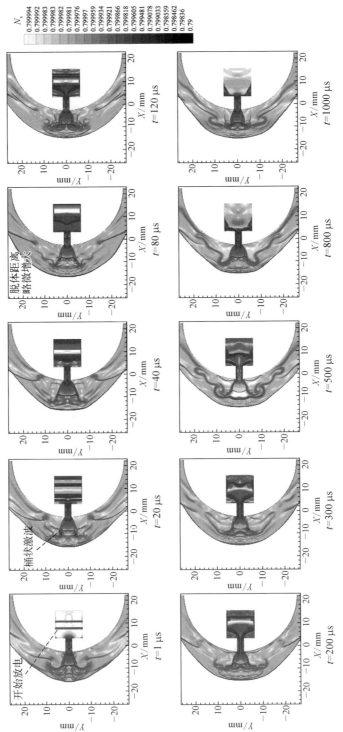

图 4.18 PR=8(SPM)充气状态下放电后逆向喷流场演化过程

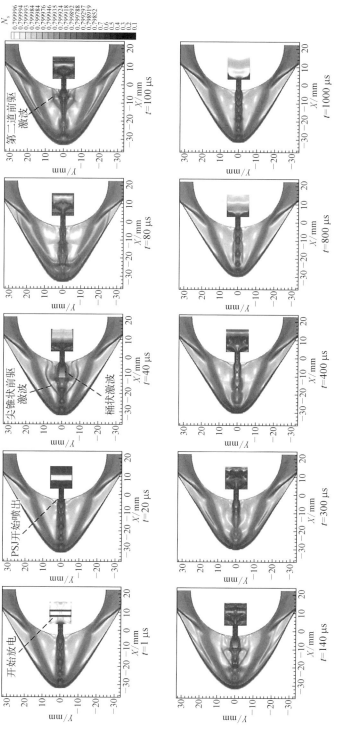

图 4.19　PR = 2(LPM)充气状态下放电后逆向喷流流场演化过程

的长度水平,整体仅有较小的波动。从图 4.20 也可以看到,半球体的阻力变化较小,前驱激波喷出后迅速与弓形激波融合,并进一步引起弓形激波的运动,最终导致阻力的变化,随后仍有多道前驱激波喷出;300 μs 后,随着压比的减小,流场结构又逐渐转换回 LPM,即包含入射激波、反射激波、马赫盘结构等。整个过程由于放电后并未引起激波脱体距离的较大变化,平均减阻率仅提升约 1.84%。

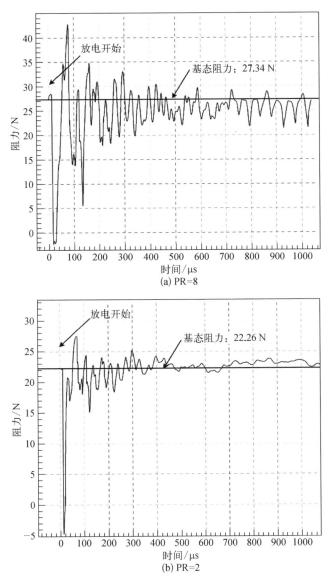

图 4.20　PR=8(SPM)和 PR=2(LPM)两个状态下放电后半球体阻力变化

然后,对两种压比、不同放电能量条件下的平均减阻率进行对比(图 4.21)。可以看到,在 SPM 下,放电能量越大,PSJA 腔体内能达到的峰值压力越大,这就类似于前述仅充气时逆向喷流在 SPM 下继续增大压比,激波脱体距离有一定上升,减阻效果也上升;而对于 LPM,尽管减阻效果随着放电能量的增大有一定增加,但相对 LPM 下的减阻效果增加较少,主要是由于 LPM 中激波脱体距离已经较大,放电引起的压升不能使得激波脱体距离进一步增大,反而会使流场转为 SPM,在某些时刻引起阻力上升,因此总体而言对于减阻率的提升不明显。

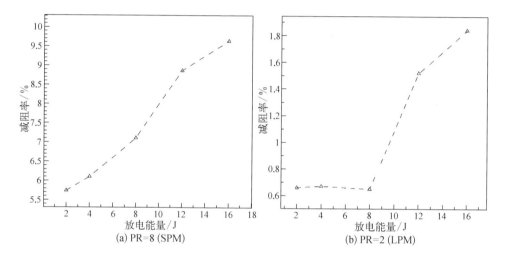

图 4.21 PR=8(SPM) 和 PR=2(LPM) 两个状态下放电能量对减阻效果的影响

4.4 本章小结

本章采用数值模拟与实验相结合的方法研究了充气式 PSJA 的特性及其在超声速/高超声速流场激波减阻的应用,主要结论如下。

(1) PSJA 的击穿电压和峰值电流随着充气腔体压力的增大基本呈线性增大趋势,充气腔体压力为 133 kPa 时,PSJ 与前驱激波的典型流场结构呈现尖锥形,PSJ 速度显著提高,最高速度达 830 m/s,但 PSJ 速度变化特性基本不变,呈现先增大后减小的趋势。

(2) 充气式 PSJA 具有显著优势:一是烧蚀风险低,PSJA 在放电后可以迅速回到初始温度而不会累积热量;二是激励器高频工作性能显著提升,对于充气式 PSJA,腔体密度始终高于特定值,并且很快恢复至初始状态;三是射流速度显著提升,在典型工况下无量纲能量相同时,无充气时射流出口速度峰值仅约为 222 m/s,而有充气时,峰值出口速度则达到约 572 m/s,提升了约 1.58 倍。

(3) PSJ 可以消除高焓高超声速流动中的激波和激波交点,增加放电电容和充气腔体压力均有助于提高 PSJ 对激波-激波干扰的控制效果。喷射到高超声速横流中的 PSJ 可以看作一个新的更厚的边界层,PSJ 对激波的消除机理可以归结为 PSJ 激波的形成、边界层中声速线向上运动、边界层加厚和局部流场加热的综合作用。

(4) 在充气式逆向喷流 SPM 下施加放电时,由于充气射流喷射压比已经较高,放电后未能看到出口有明显的 PSJ 及 PSJ 激波喷出,但放电后,喷射射流被显著加热,弓形激波脱体距离不断振荡变化,增大的时间占主要部分,相应的半球体阻力也不断振荡变化,放电后平均减阻率提升约 9.64%;在 LPM 下施加放电时,由于充气射流喷射压比较小,放电后流场中出现桶状激波,但 LPM 并未完全被改变,因为整体激波脱体距离并未随着放电的开始而减小为 SPM 状态时的长度水平,整个过程激波脱体距离仅有较小变化,平均减阻率仅提升 1.84%。对于两种模式,提升放电能量均能在一定程度上提升平均减阻率。

参考文献

[1] Zhang Y C, Tan H J, Huang H X, et al. Transient flow patterns of multiple plasma synthetic jets under different ambient pressures[J]. Flow Turbulence and Combustion, 2018, 101(3): 741 - 757.

[2] Wang L, Xia Z X, Luo Z B, et al. Effect of pressure on the performance of plasma synthetic jet actuator[J]. Science China Physics, Mechanics Astronomy, 2014, 57(12): 2309 - 2315.

[3] 王林.等离子体高能合成射流及其超声速流动控制机理研究[D].长沙:国防科学技术大学,2014.

[4] 王泽江,李杰,曾学军,等.逆向喷流对双锥导弹外形减阻特性的影响[J].航空学报,2020,41(12):124116.

[5] Reedy T M, Kale N V, Dutton J C, et al. Experimental characterization of a pulsed plasma jet[J]. AIAA Journal, 2013, 51(8): 2027 - 2031.

[6] Wang L, Xia Z X, Luo Z B, et al. Three-electrode plasma synthetic jet actuator for high-speed flow control[J]. AIAA Journal, 2014, 52(4): 879 - 882.

[7] Belinger A, Naudé N, Cambronne J P, et al. Plasma synthetic jet actuator: Electrical and optical analysis of the discharge[J]. Journal of Physics D: Applied Physics, 2014, 47: 345202.

[8] Zong H H, Kotsonis M. Formation, evolution and scaling of plasma synthetic jets[J]. Journal of Fluid Mechanics, 2018, 837: 147 – 181.

[9] Zong H H, Cui W, Wu Y et al. Influence of capacitor energy on performance of a three-electrode plasma synthetic jet actuator[J]. Sensors and Actuators A: Physical, 2015, 222: 114 – 121.

[10] Babinsky H, Harvey J. Shock Wave-Boundary-Layer Interactions[M]. Cambridge: Cambridge University Press, 2011.

[11] Haack S, Land B, Cybyk B, et al. Characterization of a high-speed flow control actuator using digital speckle tomography and PIV[C]//4th Flow Control Conference, Seattle, 2008.

[12] Finley P J. The flow of a jet from a body opposing a supersonic free stream[J]. Journal of Fluid Mechanics, 1966, 26(2): 337 – 368.

[13] Chen L W, Wang G L, Lu X Y. Numerical investigation of a jet from a blunt body opposing a supersonic flow[J]. Journal of Fluid Mechanics, 2011, 684(11): 85 – 110.

[14] Venkatachari B S, Ito Y, Cheng G, et al. Numerical investigation of the interaction of counterflowing jets and supersonic capsule flows[C]//42nd AIAA Thermophysics Conference, Honolulu, 2011.

[15] Guo J H, Lin G P, Bu X Q, et al. Sensitivity analysis of flowfield modeling parameters upon the flow structure and aerodynamics of an opposing jet over a hypersonic blunt body[J]. Chinese Journal of Aeronautics, 2020, 33(1): 161 – 175.

[16] Sharma K, Nair M T. Combination of counterflow jet and cavity for heat flux and drag reduction[J]. Physics of Fluids, 2020, 32(5): 056107.

[17] Farr R A, Chang C L, Jones J H, et al. On the comparison of the long penetration mode (LPM) supersonic counterflowing jet to the supersonic screech jet[C]//21st AIAA/CEAS Aeroacoustics Conference, Dallas, 2015.

[18] Venkatachari B S, Cheng G, Chang C L, et al. Long penetration mode counterflowing jets for supersonic slender configurations — A numerical study[C]//31st AIAA Applied Aerodynamics Conference, San Diego, 2013.

[19] Deng F, Xie F, Huang W, et al. Numerical exploration on jet oscillation mechanism of counterflowing jet ahead of a hypersonic lifting-body vehicle[J]. Science China Technological Sciences, 2018, 61(7), 1056 – 1071.

第5章

高超声速平板湍流边界层射流减阻
控制数值模拟及实验研究

本章设计一种能够利用射流实现自身摩阻控制的平板模型。为了方便较为精确地把控数值模拟状态,实现在不更换激励器模型和来流的前提下主动改变射流参数,同时也为了减小计算量,本章的数值模拟计算对激励器构型进行了简化,采用直接给定射流参数的方式来对能量自持合成射流进行模拟。给定初始条件之后进行数值模拟计算,得出其在高超声速来流条件下的摩阻分布;然后改变此射流出口的压力、尺寸等参数,分别进行数值模拟计算;最后将以上几种模型及其数值模拟结果进行对比分析,获得高超声速湍流壁面射流减阻的机理与控制规律。两项高超声速湍流边界层射流减阻控制实验,均基于液晶涂层光学摩阻测量技术开展,实验分别采用能量自持射流与独立气源射流两种流动控制方式,以使前文数值模拟方法获得高超声速风洞实验数据支撑,验证其得到的自持射流特性与减阻控制规律,并进一步研究射流气体种类等因素对于减阻控制效果的影响。实验结果揭示了高超声速自持射流的来流总压、射流质量流量、独立气源激励器静压、射流气体种类以及出口尺寸等参数变化对于平板湍流边界层减阻控制效果的影响规律。

5.1 数值模拟方法

本章数值模拟的研究对象为给定参数的壁面垂直射流,在高超声速来流中达到稳定工作状态之后,平板壁面边界层与射流的各项参数同样不存在随时间周期性变化的情况,可以采用定常数值模拟。因此,仍然采用雷诺平均 N-S 方程(Reynalds-averaged Navier-Stokes, RANS)数值模拟研究。选取 SST k-ω 湍流模型,气体性质设置与第 2 章保持一致。

5.1.1　计算网格与边界条件

本章的数值模拟计算内容建立在已知射流参数的基础上,以平板壁面的流向和展向摩阻分布、各区域射流减阻效果为研究对象,采用三维计算网格。网格模型如图 5.1 所示,计算域尺寸为 400 mm×140 mm×40 mm,三个方向分别有 360×60×100 个网格,边界第一层网格高度为 0.01 mm,共计约 200 万个网格。

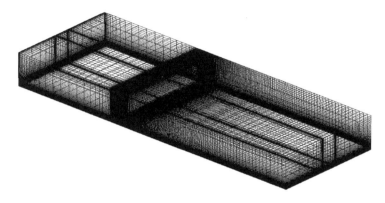

图 5.1　射流减阻网格模型

此网格边界条件设置如图 5.2 所示:沿着 z 轴负方向进行观察时,其下表面为绝热壁面,其中开设 20 mm×1 mm 的射流出口;左侧及上表面为压力远场,参照中国航天空气动力技术研究院的 FD-07 常规高超声速风洞运行参数。本章设置的流场边界条件为模拟大气层 20 km 高空的压力远场,高超声速空气来流沿

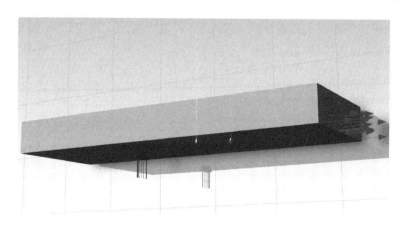

图 5.2　边界条件示意图

X 正方向马赫数 Ma 为 6,静压为 3 800 Pa,静温为 61.5 K,雷诺数 $Re = 5.45 \times 10^7$;右侧为压力出口;前后两面则为对称边界。来流与射流均为空气,其物理性质参照第 2 章进行设置。

5.1.2　网格无关性验证

在大规模数值模拟之前,首先对图 5.1 所示的网格进行无关性验证。计算网格是基于平板射流而设计的,各个平板模型在距离平板前端 140 mm 处开设了射流出口。为了排除出口本身的存在对于数值模拟计算结果的影响,并得到无射流控制情况下的平板摩阻对照值,便于后续比较减阻效果、计算减阻率时参考,首先进行无射流的开口平板数值模拟计算。

将射流出口静压设置为 0,对此网格模型进行数值模拟计算之后,得到表面摩阻系数(skin friction coefficient),用 C_f 表示。C_f 代表无量纲化之后的剪切应力,计算公式如下:

$$C_f = \frac{\tau_w}{\frac{1}{2} \rho_\infty u_\infty^2} \tag{5.1}$$

其中,ρ、u 分别表示密度和速度;下标 w、∞ 分别表示壁面和自由来流;τ_w 为壁面剪切应力,计算公式如下:

$$\tau_w = \mu_w \frac{\partial u}{\partial y}\bigg|_w \tag{5.2}$$

仅有射流孔和不加射流控制下的平板表面摩阻系数分布如图 5.3(a)所示。对照数值模拟的射流出口静压为 0,并没有射流产生,无法影响上下两侧的摩阻系数分布,因此该区域可认为是对照区域,区域划分见图 5.3(b)。从图 5.3 的摩阻系数分布与大小可以看出,与两侧区域相比,射流出口下游区域的表面摩阻系数受到一些影响,在一定流向距离内,表面摩阻系数低于上下两侧。

在图中作 $z = 10$ mm 和 $z = 70$ mm 两条线段,取值并绘制表面摩阻系数(C_f-x)曲线,如图 5.4 所示。可以看出,射流出口静压为 0 时对表面摩阻系数造成了较小的影响,流向影响距离在 50 mm 左右,随即恢复到无控状态。通过对不同区域提取数值求平均数,得到两侧区域平均表面摩阻系数为 8.98×10^{-4},而射流出口下游平均表面摩阻系数为 8.88×10^{-4},减小了 1.11%。通过本次对照数值模拟可以得出结论: 在无射流的情况下,射流出口本身对于表面摩阻系数几乎没有影响。

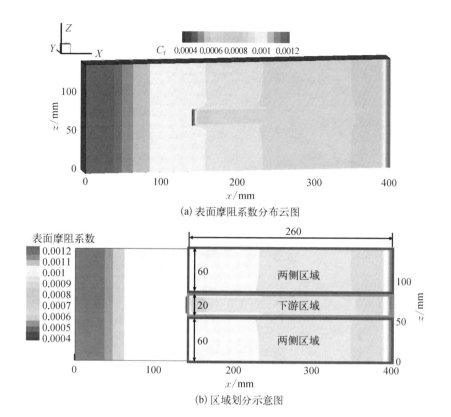

(a) 表面摩阻系数分布云图

(b) 区域划分示意图

图 5.3　表面摩阻系数云图与区域划分示意图

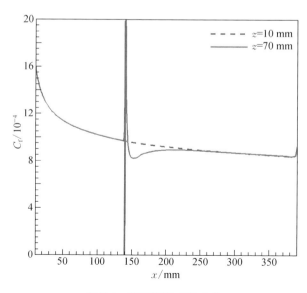

图 5.4　表面摩阻系数曲线

对图 5.1 所示的网格进行加密,计算域尺寸同样为 400 mm×140 mm×40 mm,三个方向分别增加至 410×100×100 个网格,将总网格数增加至约 400 万,如图 5.5 所示。将加密后的网格模型给定同样的边界条件,进行模拟计算后得到表面摩阻系数分布,如图 5.6 所示。按照前面的处理方式,在对照区域和控制区域分别作线取值,绘制表面摩阻系数曲线,如图 5.7 所示。

图 5.5 加密的平板网格模型

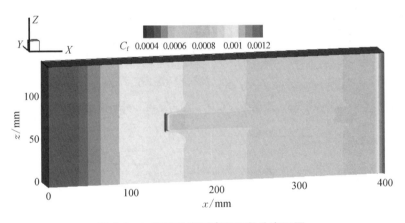

图 5.6 加密后的表面摩阻系数分布云图

对比图 5.3 与图 5.6、图 5.4 与图 5.7 可以看出,加密之后的网格模型模拟计算得出的表面摩阻系数云图和曲线保持一致。对不同区域提取数值求平均值,得到对照区域平均表面摩阻系数为 $9.00×10^{-4}$,而射流出口下游平均表面摩阻系数为 $8.84×10^{-4}$,仅减小 1.78%。为了定量地对比不同参数的数值变化,提取平板不同区域的压力与表面摩阻系数,计算得到射流出口下游区域和两侧区域的平均值,表 5.1 给出了两组数值模拟的计算结果。计算发现,网格数量增加一倍的模型,其产生的误差均保持在 0.5% 以内。由此可以得出结论:在本节关注的各项参数范围内,数量为 200 万与 400 万的网格计算结果十分接近,网格无关性

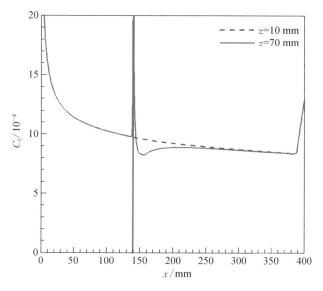

图 5.7 加密后的表面摩阻系数曲线

验证成立。出于节省计算资源的考虑,本节接下来的模型均以网格数量为 200 万的模型(图 5.1)作为基础。

表 5.1 加密网格前后参数对照

网格数量	下游压力 /kPa	下游表面摩阻系数 /10^{-4}	两侧压力 /kPa	两侧表面摩阻系数 /10^{-4}
200 万	4.03	8.88	4.02	8.98
400 万	4.03	8.84	4.02	9.00
误差	0%	0.45%	0%	0.22%

5.2 射流压力对局部减阻效果的影响

5.2.1 射流压力设置

本节以实验所需的射流激励器的三维结构为基础,建立了能量自持射流激励器的三维模型,如图 5.8 所示。图中高压空气从激励器入口进入腔体,然后从上方出口处射入高超声速流场,实现对平板表面摩阻系数的控制(平板与激励

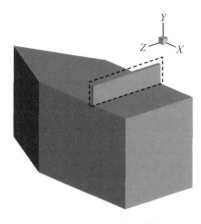

图 5.8　射流激励器三维模型

器正上方表面直接接触,本模型只画出其开口,见图中虚线区域)。

边界条件为压力入口与压力出口,壁面均绝热。入口总压给定为 30 kPa,静温为 300 K,经过 Fluent 软件数值模拟后,激励器垂直于 Z 方向的截面压力云图如图 5.9 所示。

逐渐增大入口总压,对激励器腔体模型进行多次数值模拟计算,得出了各组激励器入口总压、静压与射流出口总压、静压的数值,表 5.2 给出了相关结果。

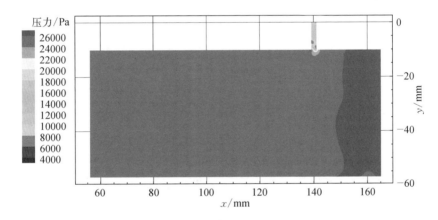

图 5.9　激励器截面压力分布云图

表 5.2　激励器出入口压力

激励器入口 总压/kPa	激励器入口 静压/kPa	射流出口 总压/kPa	射流出口 静压/kPa	射流出口 马赫数
30	26.27	21.79	8.31	1.24
50	43.58	36.46	14.07	1.23
100	88.10	72.73	28.43	1.23
150	128.61	114.17	41.92	1.27
200	171.23	152.51	55.60	1.28

根据此数值模拟结果可以得出结论:在一定范围内,当激励器入口总压改

变时,射流出口马赫数受到的影响很小,而激励器入口静压、射流出口总压、射流出口静压均随之产生线性比例的变化,如图 5.10 所示,直线斜率依次为 0.86、0.76、0.28。而且出口静压同样保持在 10 kPa 量级,与第 2 章能量自持射流的数值模拟计算结果相符,设置相应的激励器构型与入口位置可以达到此压力范围。

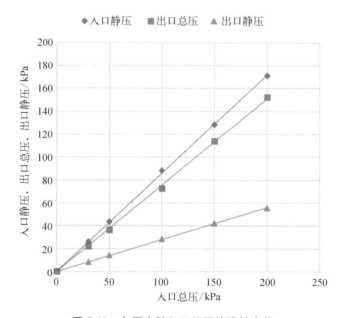

图 5.10　各压力随入口总压的线性变化

　　下面对高超声速平板湍流边界层壁面射流减阻进行数值模拟计算,该数值模拟计算将基于此激励器三维模型的计算结果(表 5.2)设置射流的总压、静压、马赫数等参数。

5.2.2　计算与数据处理

　　在 5.1 节中,网格无关性验证采用尺寸为 20 mm×1 mm 射流出口的平板模型,最终选取网格量为 200 万的模型(图 5.1)。本节在此网格模型的基础上,参考 5.2.1 节计算出的射流压力(表 5.2),给定射流出口静压为 14.07 kPa(射流出口总压为 36.46 kPa),其余边界条件与上文保持一致。经过计算后,表面摩阻系数分布云图如图 5.11 所示。从其分布与大小来定性分析,射流出口下游的表面摩阻系数显著小于两侧区域;射流控制范围随着流向发展有一定拓宽的趋势,但整体比较窄,其两侧区域仍可近似看作无射流控制的对照区域。

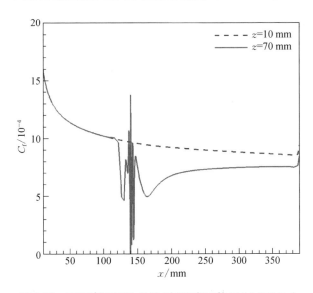

图 5.11 表面摩阻系数分布云图(射流出口静压 14.07 kPa)

在两侧区域($z=10$ mm 处)和下游区域($z=70$ mm 处)分别作线取值,绘制表面摩阻系数曲线,如图 5.12 所示。在射流下游($x>140$ mm),位于控制区域的实线低于位于对照区域的虚线,而且此状态持续到平板右边缘。通过对两个区域提取表面摩阻系数并且求平均值,得到两侧区域平均表面摩阻系数为 9.03×10^{-4},略高于无射流时的表面摩阻系数 8.98×10^{-4};而下游区域平均表面摩阻系数为 7.31×10^{-4},相比无射流的表面摩阻系数减小了 17.68%。

图 5.12 表面摩阻系数曲线(射流出口静压 14.07 kPa)

为了研究射流压力变化对以上计算结果的影响,按照表 5.2 依次增大射流压力,设置三组新的数值模拟计算射流压力条件,射流出口静压分别为

28.43 kPa、41.92 kPa、55.60 kPa，其余条件保持不变。

　　按照上文的方法，对两组射流压力条件进行计算与数据处理，分别得到表面摩阻系数分布（图 5.13）及其曲线（图 5.14）。

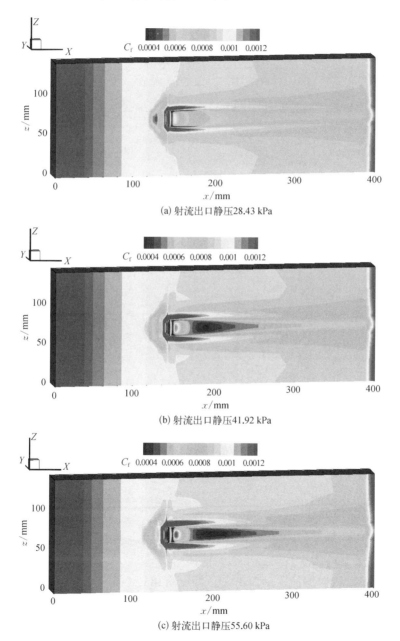

(a) 射流出口静压28.43 kPa

(b) 射流出口静压41.92 kPa

(c) 射流出口静压55.60 kPa

图 5.13　不同射流出口静压下表面摩阻系数分布云图

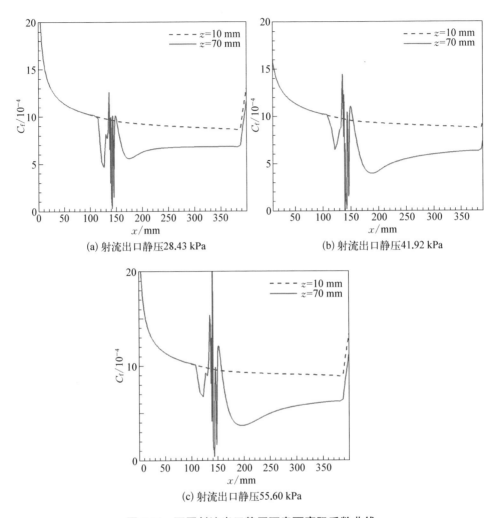

(a) 射流出口静压28.43 kPa

(b) 射流出口静压41.92 kPa

(c) 射流出口静压55.60 kPa

图 5.14　不同射流出口静压下表面摩阻系数曲线

5.2.3　结果分析

　　通过对出口尺寸为 20 mm×1 mm 的多组壁面垂直射流进行数值模拟计算，得到了各个射流压力下控制区域的表面摩阻系数的分布及大小。将各组结果计算平均值后，统计数据填入表 5.3 中。可以看出，随着射流出口静压的增大，其下游控制区域的表面摩阻系数单调递减。与 5.1 节无射流情况下两侧区域的平均表面摩阻系数 $8.98×10^{-4}$ 相比可以得出结论：在图 5.1 所示的网格模型与 5.1 节给定的来流条件下，壁面垂直射流可以使平板局部表面摩阻系数减小 18.60%~

29.84%；而且在一定范围内其减阻率随着射流出口静压增大而增大，当射流出口静压达到 55.60 kPa 时，增幅变缓，平板局部减阻率约为 30%。

表 5.3　射流出口静压对局部减阻率的影响（20 mm×1 mm）

射流出口静压 /kPa	下游区域表面摩阻系数 C_f /10^{-4}	局部减阻率 /%
0	8.88	1.11
14.07	7.31	18.60
28.43	7.09	21.05
41.92	6.43	28.40
55.60	6.30	29.84

5.3　射流出口尺寸对局部减阻效果的影响

为了探究同样来流条件和射流压力下出口尺寸的改变对平板表面摩阻系数的分布与大小有何影响，本节将出口尺寸由 20 mm×1 mm 扩大为 40 mm×2 mm，同时不改变出口位置、平板尺寸、边界层网格厚度与网格总量，网络模型如图 5.15 所示。

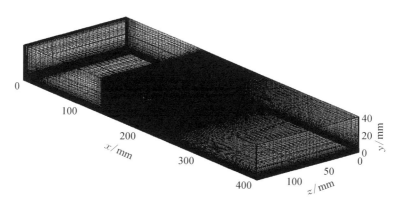

图 5.15　网格模型

此模型边界条件（图 5.16）设置与 5.1 节相同，即沿着 Z 负方向进行观察时，其下表面为绝热壁面，其中开设 20 mm×1 mm 的射流出口；左侧及上表面为压力远场，右侧为压力出口；前后两面则为对称边界。

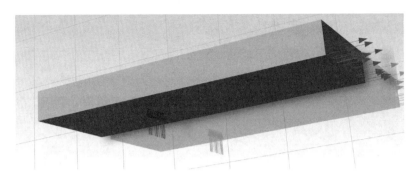

图 5.16　边界条件示意图

5.3.1　计算与数据处理

本节在此网格模型(图 5.15)的基础上,参考 5.1 节无射流数值模拟,给定射流出口静压为 0,其余边界条件与上文保持一致。经过计算后,表面摩阻系数大小及分布如图 5.17 所示。从云图的分布可以看出,与对照区域相比,射流出口下游的表面摩阻系数受其影响略低于两侧。

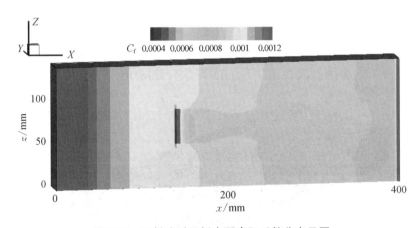

图 5.17　无射流时平板表面摩阻系数分布云图

在图中作 $z = 10\,\text{mm}$ 和 $z = 70\,\text{mm}$ 两条线段,取值并绘制表面摩阻系数曲线,如图 5.18 所示。可以看出,射流出口静压为 0 时对表面摩阻系数造成了比较小的影响,流向影响距离在 50 mm 左右,随即恢复无控状态。通过对不同区域提取数值求平均值,得到两侧区域平均表面摩阻系数为 8.99×10^{-4};而射流出口下游平均表面摩阻系数为 8.98×10^{-4},仅降低 0.11%,可以认为没有发生变化。

结合平均表面摩阻系数与图 5.4 和图 5.18 可以得出结论:在无射流的情况

下,无论尺寸是 40 mm×2 mm 还是 20 mm×1 mm,射流出口本身对于表面摩阻系数的影响都非常小。

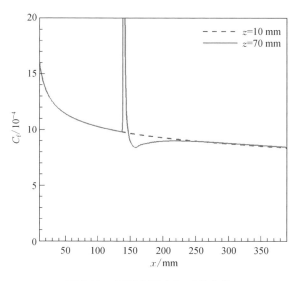

图 5.18　平板表面摩阻系数曲线

为了研究出口尺寸由 20 mm×1 mm 增加至 40 mm×2 mm 对壁面垂直射流的减阻效果有何影响,本节按照控制变量法的原则,参考 5.2.1 节计算出的射流压力(表 5.2),设置了四组数值模拟计算,静压分别为 14.07 kPa、28.43 kPa、41.92 kPa 和55.60 kPa,其余条件保持不变。

按照 5.2 节的方法,对四组射流出口静压条件进行计算与数据处理,分别得到其表面摩阻系数分布云图(图 5.19)及其曲线(图 5.20)。

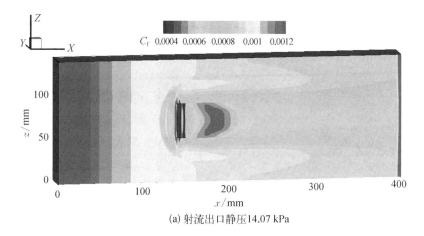

(a) 射流出口静压14.07 kPa

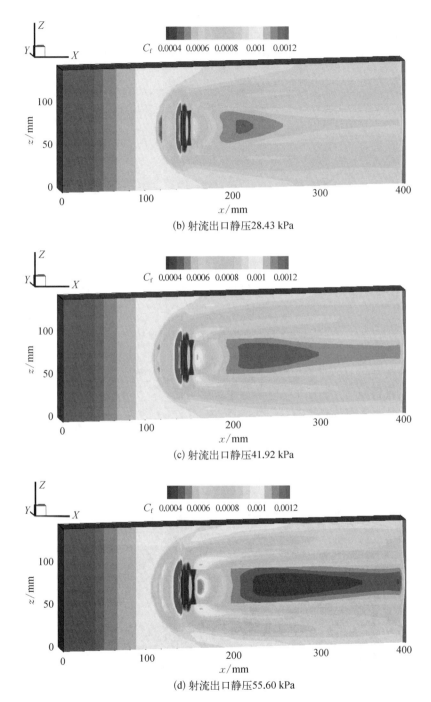

(b) 射流出口静压28.43 kPa

(c) 射流出口静压41.92 kPa

(d) 射流出口静压55.60 kPa

图 5.19 不同射流出口静压控制下的平板表面摩阻系数分布云图

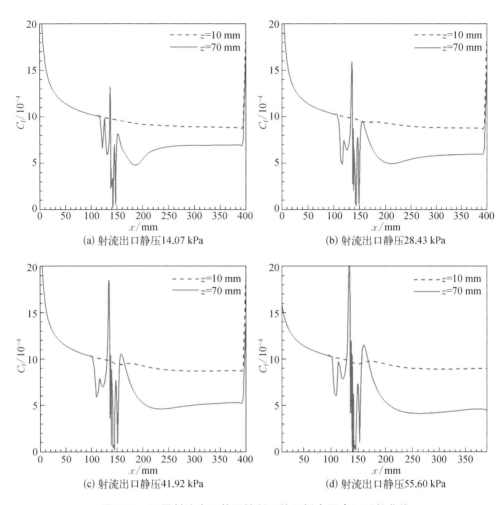

(a) 射流出口静压14.07 kPa　　　(b) 射流出口静压28.43 kPa

(c) 射流出口静压41.92 kPa　　　(d) 射流出口静压55.60 kPa

图 5.20　不同射流出口静压控制下的平板表面摩阻系数曲线

5.3.2　结果分析

根据 5.3.1 节无射流数值模拟的结果,在无射流状态下,无控区域的平均表面摩阻系数为 8.99×10^{-4}。以此为基准值,分别计算不同射流出口压力的射流减阻率,计算结果如表 5.4 所示。

可以看到,随着射流出口静压的增加,其下游控制区域的表面摩阻系数单调递减。与 5.3.1 节无射流数值模拟的平均表面摩阻系数相比,可以得出结论:在图 5.15 所示的网格模型与 5.3.1 节给定的来流条件下,壁面垂直射流可以使平板局部表面摩阻系数减小 $26.14\% \sim 41.60\%$;而且在一定范围内其减阻率随着射

表 5.4　射流出口静压对局部减阻的影响(40 mm×2 mm)

射流出口静压 /kPa	下游区域表面摩阻系数 C_f /10^{-4}	局部减阻率 /%
0	8.98	0.11
14.07	6.64	26.14
28.43	6.12	31.92
41.92	5.65	37.15
55.60	5.25	41.60

流出口静压增大而增大,当射流出口静压到达 55.60 kPa 时,平板局部减阻率超过 40%。本节的计算结果再次证明了 5.2 节关于壁面垂直射流压力对局部减阻效果的影响得出的结论。

　　而将表 5.4 与表 5.3 进行横向对比,就可以得到壁面垂直射流出口尺寸对减阻效果的影响规律:在保证射流出口静压与总压不发生改变的基础上,在一定范围内扩大出口尺寸可以减小下游控制区域的表面摩阻系数,改善壁面垂直射流的减阻效果(表 5.5)。

表 5.5　射流出口尺寸变化的影响

射流出口静压 /kPa	20 mm×1 mm 出口的局部 减阻率/%	40 mm×2 mm 出口的局部 减阻率/%
14.07	18.60	26.14
28.43	21.05	31.92
41.92	28.40	37.15
55.60	29.84	41.60

5.4　射流压力、出口尺寸对于整体减阻效果的影响

5.4.1　数据处理

在 5.2 节与 5.3 节中通过设置不同的边界条件、建立不同的网格模型进行

多次数值模拟计算,进行数据处理与结果分析,得出了壁面射流出口静压和出口尺寸对于局部减阻效果的影响规律。其中,局部减阻效果特指射流出口正后方的狭长区域(称为"下游区域",如图 5.3(b)所示)的表面摩阻系数减小比例,即局部减阻率。但是,将图 5.13、图 5.17 与图 5.21 进行比较可以发现,后者由于射流出口扩大,不仅直接影响了下游区域的宽度,还使得两侧区域及上游区域的表面摩阻系数发生了较明显的改变。射流出口静压为 55.60 kPa 时,这种变化尤其明显,将其与无射流情况下的表面摩阻系数分布云图进行对比。对比结果意味着此时只考虑下游区域减阻效果的"局部减阻率"并不能全面反映壁面垂直射流对于表面摩阻系数的影响。因此,本节引入"整体减阻率",表示全部计算区域的整体平均表面摩阻系数相比无射流情况表面摩阻系数的减小比例。以此为基础,将 5.2 节与 5.3 节的数值模拟结果进行重新计算和整理,相关结果在表 5.6 中给出。

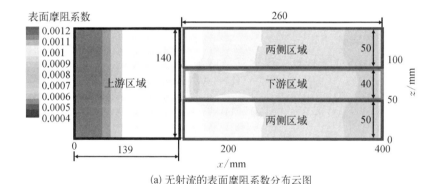

(a) 无射流的表面摩阻系数分布云图

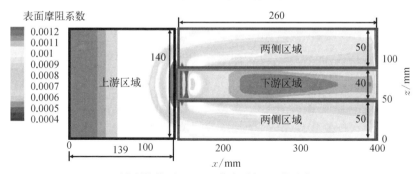

(b) 射流静压55.60 kPa的表面摩阻系数分布云图

图 5.21　无控与射流控制下的平板表面摩阻系数分布云图的区域对比

表 5.6 整体减阻数据

射流出口尺寸 /mm	射流出口静压 /kPa	整体表面摩阻 系数 $C_f/10^{-4}$	局部减阻率 /%	整体减阻率 /%
	0	10.10	1.11	0
	14.07	9.97	18.60	1.29
20×1	28.43	9.91	21.05	1.88
	41.92	9.91	28.40	1.88
	55.60	9.97	29.84	1.29
	0	10.14	0.11	0
	14.07	9.60	26.14	5.33
40×2	28.43	9.31	31.92	8.19
	41.92	9.20	37.15	9.27
	55.60	9.22	41.60	9.07

5.4.2 结果分析

将 5.2 节与 5.3 节计算结果的局部减阻率、整体减阻率(表 5.4、表 5.5 与表 5.6)进行横向对比,获得局部减阻率显著高于整体减阻率的结论。这说明壁面垂直射流的减阻效果主要体现在射流出口正后方的区域,而对于两侧及上游区域,减阻效果相对较弱。

结合上述表格以及 5.2 节与 5.3 节的摩阻系数分布(图 5.13、图 5.19),可以得出结论:扩大壁面垂直射流的出口尺寸不仅可以提高其下游区域的局部减阻率,也可以增大有效减阻区域的宽度,改善平板整体减阻效果。

将表 5.6 内的减阻率进行纵向对比,可以发现随着射流出口静压的增大,局部减阻率持续升高,而整体减阻率却表现出先增后减的趋势:当射流出口静压达到 41.92 kPa,即高超声速来流静压的 10.5 倍左右时,整体减阻率取得极大值 9.27%;若射流出口静压继续增大,整体减阻率反而会有所下降。

为了研究这种变化规律的原因,本节将图 5.21 所示的各组数值模拟算例进行流场结构分析。在各算例中绘制法向速度为 −10 m/s 的等值面,如图 5.22 所示。根据速度等值面可以看出,随着射流出口静压升高,高超声速来流在射流两侧产生了明显的流向涡,等值面抬高意味着流向涡冲击壁面的速度增加,反映在图 5.19 所示的表面摩阻系数分布云图中,即为流向涡与壁面接触区域的面积与摩阻均逐渐增大。当射流压力超过一定数值后,流向涡的尺寸与强度继续增加,

致使对应区域摩阻占据重要比例,且带动附近区域摩阻升高,最终使得平板壁面
的整体减阻控制效果下降。

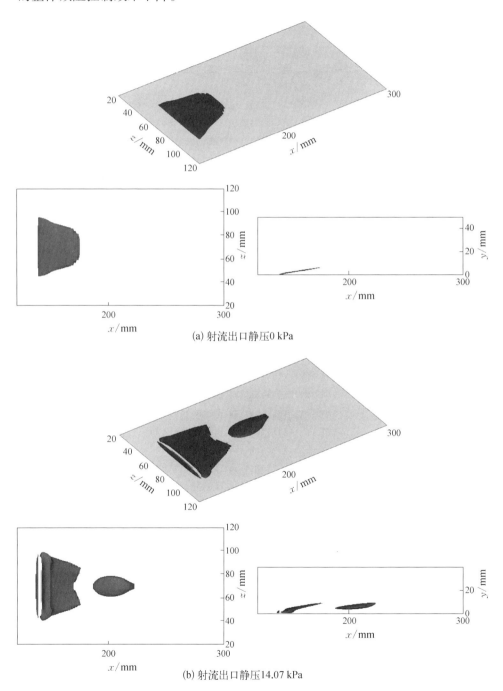

(a) 射流出口静压0 kPa

(b) 射流出口静压14.07 kPa

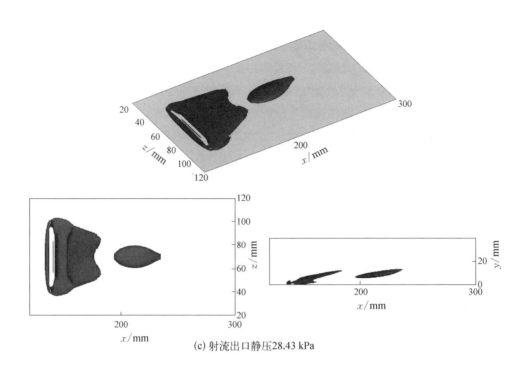

(c) 射流出口静压28.43 kPa

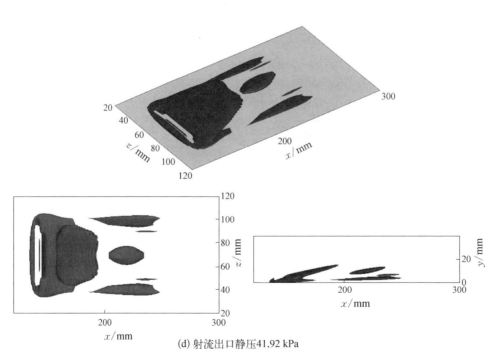

(d) 射流出口静压41.92 kPa

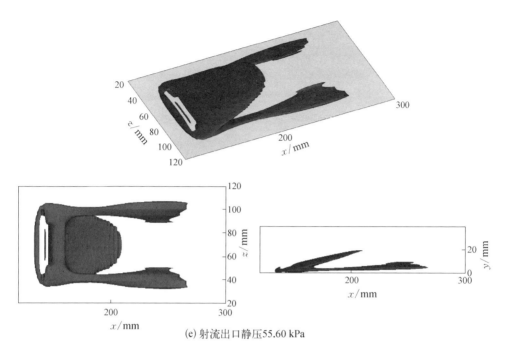

(e) 射流出口静压55.60 kPa

图 5.22　不同射流出口静压下速度等值面(法向速度为−10 m/s)

5.5　能量自持射流控制实验

本节开展高超声速平板湍流的能量自持射流降热减阻验证实验,在中国航天空气动力技术研究院的 FD-07 常规高超声速风洞中进行,实验来流名义马赫数为 6,以高超声速平板湍流边界层为研究对象,综合采用红外热图像技术和液晶摩阻技术进行流场参数测量和流场显示。通过模型表面温度、液晶摩阻图像,获得能量自持射流对高超声速平板湍流的降热与不同来流条件下的减阻作用,揭示来流总压、射流质量流量的变化对于平板摩阻减小效果的影响。

5.5.1　实验设备与仪器

1. 风洞

中国航天空气动力技术研究院 FD-07 常规高超声速风洞(图 5.23)是一座暂冲、吹引式高超声速风洞,以空气为工作介质。带密闭室的自由射流实验段尺寸为

1 880 mm×1 400 mm×1 130 mm。喷管出口直径分别为 400 mm 和 500 mm,马赫数分别为 4、4.5、5、6、7 和 8,采用更换喷管的方法改变马赫数[1]。风洞配备快速插入式四自由度机构,攻角变化范围为−10°~50°。实验段侧壁开有通光口径为 520 mm×320 mm 的光学玻璃窗口,供纹影仪观察和拍摄流场使用[2]。风洞有效运行时间超过 30 s。

图 5.23　FD-07 常规高超声速风洞

2. 红外热像仪

风洞实验过程中,采用红外热像仪(图 5.24)实时测量模型表面的温度分布与变化,由模型表面的温度变化换算获得模型表面的热流分布。

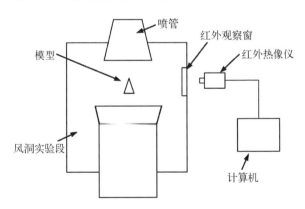

图 5.24　风洞实验测量系统

实验用的红外热像仪为制冷型红外热像仪,光谱范围为 3.7~4.8 μm,热灵敏度<25 mK,测温精度为±1.0 K,采集频率 50 Hz,像素为 640 pixel×512 pixel。

红外观察窗为镀有消反射膜和红外增透膜的硅玻璃,其在中波段具有较好的透过性能,具体透射率由具有检验检测资质的专业研究机构测量获得。

3. 摩阻测量技术

对摩阻的定量测量一直是风洞实验领域的技术难点。本书采用液晶涂层光学摩阻测量方法,其基本原理是在实验模型表面喷涂液晶涂层作为剪切敏感材料,在感受不同大小和方向的剪切力时会呈现出不同的颜色,反射不同波长的光线,具有很强的方向性。因此,该测量方法不仅能够给出模型表面剪切应力的大小分布,还可以给出矢量分布特征。

本节使用的测量系统由陈星等[3]等搭建,已经在高超声速三角翼标模上进行了摩阻测量的验证与确认。该系统如图 5.25 所示,由光源系统、电荷耦合器件(charge coupled device, CCD)相机、图像采集与处理系统组成。

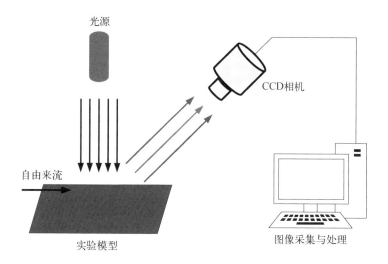

图 5.25　液晶涂层光学摩阻测量示意图

通过光学测量系统对气流剪切作用下的液晶涂层进行多角度拍摄,得到涂层颜色变化图像。对图像进行计算,获取涂层每一点在所有拍摄角度下的色相值。对于模型表面任意一点,将其所有的色相值和投影面内角度进行高斯拟合,拟合曲线上色相最大值对应的投影面内角度就是这一点所受应力的方向,将其代入标定曲线即可得到应力的大小。将图像所有点按上述方法进行处理即可得到全场的表面剪切应力矢量分布。误差分析表明:喷流流场中心线两侧对称点的剪切应力大小平均偏差小于 10%,中心线上应力方向偏差在 ±5° 以内。

为了快速而清晰地捕捉液晶图层颜色的变化,风洞中设置有观察窗、光源系统、CCD 相机等测量设备以及相应的供电、数据收集处理装置。部分实验装置设备如图 5.26 所示。

(a) 观察窗　　　　　　　　　　　　　　(b) CCD相机

图 5.26　部分实验设备

5.5.2　实验模型

本次实验以平板模型为研究对象,平板长 300 mm,展宽 140 mm,在平板下方布置能量自持射流激励器,激励器的出口中心距离平板前缘 100 mm,激励器出口的盖板可拆卸,用以研究不同出口形状对流动控制效果的影响。本实验激励器能够充分利用来流的动能,将来流的能量转化为射流的能量,从而应用于对流场的控制。在激励器出口下游模型中心线上布置 6 个 Kulite 传感器。实验的整体模型如图 5.27 所示,实物在风洞安装图如图 5.28 所示。为了满足红外热像仪的拍摄需求,平板模型中心区域采用发射率高、导热系数低的聚醚醚酮(polyetheretherketone, PEEK)材料加工。

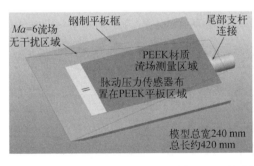
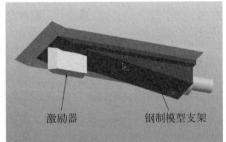

图 5.27　实验模型设计图

5.5.3　实验参数设计

实验模型状态和流场来流参数列于表 5.7 中。工况 1 实验为红外数据,其余均为液晶摩阻实验,实验状态详见表 5.7 及表 5.8。

图 5.28　实物在风洞安装

表 5.7　实验工况

工况号	Ma	P_0/MPa	前缘	入口尺寸/mm	出口长度/mm	测　量
1	6	6	齿形转捩带	20×2	20	红外
2			绷带转捩带		20	液晶
3			齿形转捩带			液晶
4			齿形转捩带	20×1	40	
5		2	齿形转捩带			

表 5.8　来流条件

Ma	P_0/MPa	T_0/℃	q_∞/MPa	P_∞/Pa	Re/m^{-1}	H/km
5.933 2	2	191	0.033	1 360	1.80×10^7	29
5.962	6	231	0.098	3 900	5.45×10^7	20

5.5.4　自持射流流动控制效果

1. 降热控制

采用模型表面热流分布判断边界层流动状态是目前常用的实验分析方法。在实验过程中,实验前模型表面初始温度均匀一致,实验中获得的模型表面温度分布与模型表面热流分布是定性一致的,因此可采用模型表面温度分布分析模

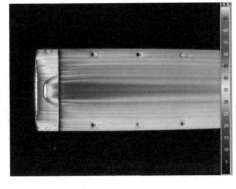

图 5.29　工况 1 平板热像图

型表面的热流变化情况。

实验工况 1 采用马赫数为 6、总压为 6 MPa 的来流条件(其他参数详见表 5.8)。平板前缘采用齿形带以促进转捩,保证湍流边界层充分发展。射流出口为横向单出口,宽度 2 mm,长度 20 mm。

红外热像仪透过红外观察窗记录的数据,经 MATLAB 中的 iMagesc 函数输出后,如图 5.29 所示。该结果为高分辨率的像素图。可以看出,受到自持射流作用的下游区域,其温度相比两侧无控区域明显偏低。

为了更直观地看出降热效果,在热像图中第 180 行像素和第 260 行像素分别作两条线段并提取其相对温度数据,绘制了线段温度分布图,如图 5.30 所示。在线段温度分布图中,横坐标代表此处线段各点的像素值,纵坐标表示相对温度大小。图 5.30(a)体现了平板上侧流向线段 a 的温度,经过缝隙之后便保持在稳定的数值,可作为无控对照组;图 5.30(b)则代表平板中部的线段相对温度,其因受到自持射流影响而明显降低,随后在平板尾部缓慢回升。

通过平板左侧的展向线段温度曲线图 5.30(c)可以看出,射流出口下游较近的区域,相对温度比起两侧无控区域降低 30%左右;这一降温效果在流向上逐渐减弱,如平板右侧展向线段温度曲线图 5.30(d)所示,降温效果已经不明显。

2. 减阻控制

本次实验采用控制变量的思想,结合图像畸变修正、配准、颜色校正、剪切应力矢量拟合等数据处理方法,使得液晶涂层的颜色数据可以较为准确地反映平板表面的相对摩擦力大小及分布。

实验工况 2、工况 3 和工况 4 同样采用马赫数为 6、总压为 6 MPa 的来流条件,工况 5 则选择总压为 2 MPa 的 29 km 高空来流条件作对比实验(其他参数详见表 5.8)。以上四组实验模型的液晶摩阻涂层通过 CCD 相机进行图像采集,经数据处理终端读取输出 dat 文件。将 dat 文件分别导入 Tecplot 软件进行统一标定和处理,以 100 为基准值,为每一个相对摩阻数值赋予对应的颜色,绘制液晶摩阻图像如图 5.31 所示。

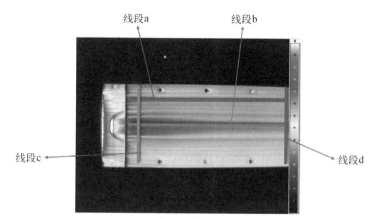

作线示意图

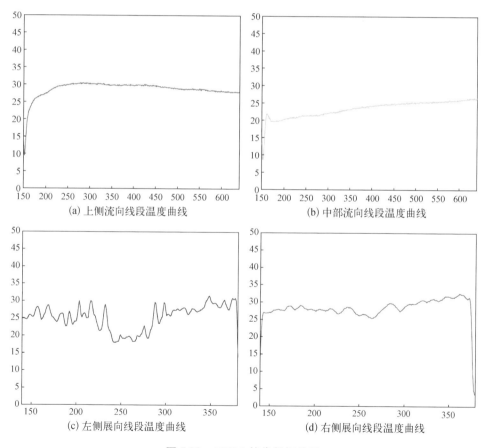

(a) 上侧流向线段温度曲线　　　　　　　　(b) 中部流向线段温度曲线

(c) 左侧展向线段温度曲线　　　　　　　　(d) 右侧展向线段温度曲线

图 5.30　工况 1 热像数据处理

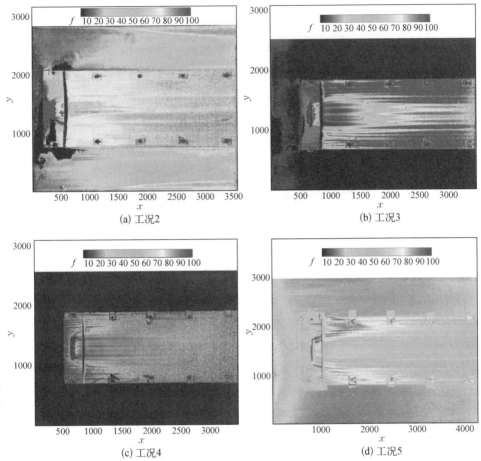

图 5.31　液晶摩阻图像

　　在以上四组实验的摩阻图像中,像素点的不同颜色代表该处的相对摩阻,如图 5.31 中图例所示,本次实验的基准值为 100,代表无射流控制情况下的相对摩阻数值。其中,工况 2 的平板模型使用了绷带作为粗糙带来促进转捩(图 5.32(a)),然而根据液晶摩阻反馈的结果图 5.31(a)来看,射流控制下的低摩阻区域延续很短便被高摩阻区域覆盖,判断为绷带粗糙带未能使湍流边界层充分发展所致。与之相比,工况 1 采用的是齿形转捩带(图 5.32(b)),并且通过红外热像实验证明了齿形转捩带促进转捩的效果更好,可以使湍流边界层发展足够充分(图 5.29)。

　　因此,后续工况均采用齿形转捩带,并且将射流出口宽度增加至 40 mm,液

(a) 绷带

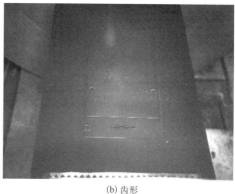
(b) 齿形

图 5.32　两种转捩结构

晶摩阻的图像采集取得了较理想的效果(图 5.31)。接下来,根据每组工况的条件设置及摩阻数据处理结果的区别,参考图 5.33 的作线取值方法,来分析各因素对于减小高超声速平板湍流的摩阻造成的影响。

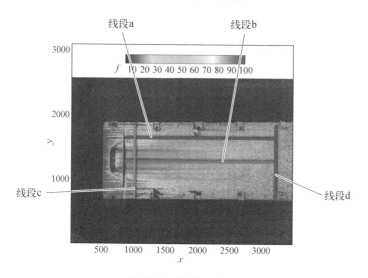

图 5.33　作线示意图

3. 局部减阻效果

工况 3 采用总压为 6 MPa 的来流条件模拟 20 km 高空条件(其他参数详见表 5.8)。为了更直观地看出自持射流引起的摩阻变化,采用与工况 1 相同的处理方法,在液晶摩阻图像的上侧、中部、左侧、右侧分别作四条线段并提取其摩阻数据,绘制摩阻曲线,如图 5.34 所示。

如图 5.34 所示,上侧摩阻曲线(线段 a)的相对摩阻大小绝大部分保持在基准值 100 处,直到线段 a 的右侧才有所降低,表示该线段在此之前处于无控状态,几乎没有受到射流减阻的影响;绘制中部受控区域摩阻曲线(线段 b),可以看到射流出口下游的相对摩阻减小到 20 以下,减阻效果可达 80%,十分明显;随着流动的发展,摩阻值逐步回升,在平板末端接近线段 a 的相对摩阻值。从图 5.34(b) 中 c 和 d 两条线段的摩阻曲线可以看出射流控制区域与无控区域在展向上的对比及变化。经过仿真与分析,工况 3 的射流流量与速度比较大,因而形成了摩阻很小的回流区域,而回流区之外摩阻迅速上升,产生了图 5.34 所示的控制区域的减阻效果。

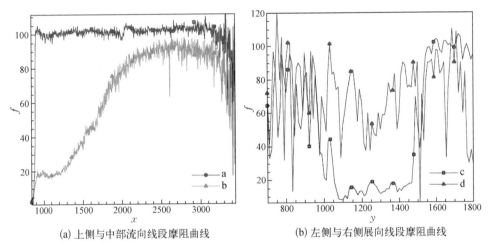

(a) 上侧与中部流向线段摩阻曲线　　　　(b) 左侧与右侧展向线段摩阻曲线

图 5.34　工况 3 液晶摩阻曲线

工况 4 在工况 3 的基础上,将能量自持射流激励器的入口减小为 50%,通过同样的实验过程和处理方法,得到液晶摩阻曲线如图 5.35 所示。

与工况 3 相比,工况 4 通过减小激励器入口降低了射流的出口质量流量。这样的调整反而使得射流控制区域显著拓宽。通过图 5.35 可以看出,上侧流向线段 a 的摩阻曲线不再反映无控状态,而是和中部流向线段 b 的摩阻曲线一样可以降低至 20,并且可以持续至平板末端而不会回升。当然,由于射流需要一定的发展,线段 a 两侧的摩阻降低过程缓慢,摩阻达到最小值的位置相比线段 b 靠后。

在同样的射流出口尺寸下,出口质量流量的降低伴随着射流速度的降低,射流在高超声速来流中的穿透作用减弱,可以更加贴近壁面,进而使得射流的有效

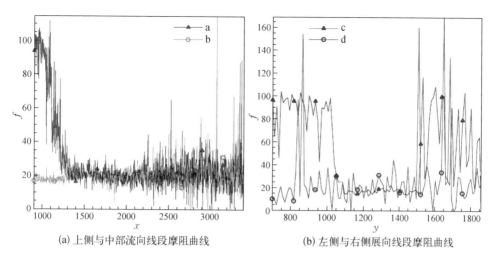

(a) 上侧与中部流向线段摩阻曲线　　　　(b) 左侧与右侧展向线段摩阻曲线

图 5.35　工况 4 液晶摩阻曲线

控制区域变大,这是工况 4 的减阻效果更好的原因。

工况 5 在工况 4 的基础上,将来流改为 29 km 高空条件(其他参数详见表 5.8),通过同样的实验过程和处理方法,得到液晶摩阻曲线如图 5.36 所示。

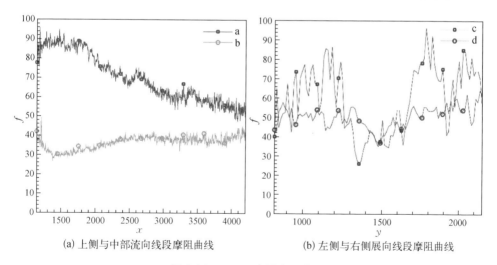

(a) 上侧与中部流向线段摩阻曲线　　　　(b) 左侧与右侧展向线段摩阻曲线

图 5.36　工况 5 液晶摩阻曲线

工况 5 降低了来流总压,根据第 2 章能量自持射流的仿真计算结论可知,降低来流总压意味着降低了射流压力。在控制效果最好的中部线段 b 处,最低相对摩阻略高于 20,平均相对摩阻接近 40。在上侧线段 a 处,相对摩阻在流动方向上逐渐降低,在平板末端降到 60 左右。通过展向线段的摩阻曲线也可以看出,在 29 km 高空的相对低压来流条件下,能量自持射流的减阻率相对降低,但是仍然有明显的效果。

4. 整体减阻效果

以上各曲线图均通过作线取值的方法获得,代表了局部减阻规律。为了掌握各组实验的整体减阻效果,并将其量化、对比,在工况 3、工况 4 和工况 5 三组实验的液晶摩阻图像内取其控制区域,其位置与尺寸如图 5.37 所示。

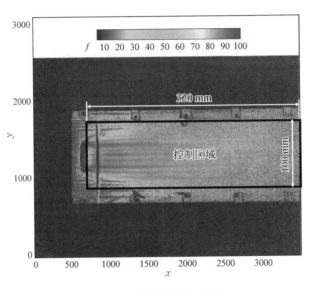

图 5.37 控制区域示意图

计算出三组图像控制区域内的平均相对摩阻,表 5.9 给出了相关结果。从整体的控制区域来看,正如上文所分析,工况 4 减阻效果最为显著。工况 3 与之相比,自持射流入口面积更大,意味着射流质量流量更大;工况 5 与之相比,来流总压更小,意味着射流压力更小。这两组实验的整体减阻率都有不同程度的降低,说明射流参数对于减阻效果有重要的影响。

表 5.9 工况 3、工况 4 和工况 5 整体减阻数据

工况号	控制区域平均相对摩阻	整体减阻率/%
3	69.03	30.97
4	24.82	75.18
5	52.35	47.65

5.6　独立气源射流控制实验

本节实验研究存在调节激励器与射流参数、改变射流气体种类等需求,采用独立气源(如空气压缩机、高压气瓶)方式为激励器提供高压环境。与上文相比,独立气源射流控制实验能够较为精确地把控实验状态,添加传感器以测量射流压力;可以实现在不更换实验设备、激励器模型和来流的前提下,主动改变射流参数;也可以通过更换气源的方式来实现射流气体相对分子质量的变化。因此,便于进一步研究高超声速湍流边界层的摩阻减小效果的影响因素及其变化规律。

5.6.1　实验模型

本次实验的场地、风洞以及液晶摩阻测量装置与上文能量自持射流控制实验均相同,但是本次实验对进入风洞的实验被测主体进行了改造,将上文的模块化拼装设计变成一体化实验平板,最大限度地减小了各板块接缝处对摩阻测量结果产生的影响。此外,由于射流方式从能量自持射流变为独立气源射流,平板下方的激励器构型也重新做出了相应的设计,封闭来流方向开口并在激励器后方设置进气口,用以连通外界独立的气源供给装置。为了适应新的射流激励器和进气管道,对钢制模型支架也进行了二次加工,拓宽了其前方开口以及中部开槽。以上设计的具体数据如下所述。

本次实验以一体化平板模型为研究对象,平板流向长 400 mm,展向宽 300 mm,在平板下方布置射流激励器,激励器的出口中心距离平板前缘 140 mm,设计若干块不同的平板用以研究不同出口形状对流动控制效果的影响。本实验激励器采用给定气源的射流方式,在腔体后侧设置直径 11 mm 的圆孔,以软管连接给定压力的气源,从而应用于流场的控制。在进气孔下方设置直径 4 mm 的小孔,用以安装压力传感器。实验模型各部件及装配体如图 5.38 所示。

本实验模型在经过金属加工、发黑处理之后,于前端安装齿形转捩带以促进平板边界层充分发展,其余表面均匀涂抹液晶涂层并安装于实验风洞中。根据液晶摩阻测量原理可知,液晶涂层经过高超声速气流之后,会根据其受到的摩阻显示出不同的颜色。实验模型实物及液晶涂层在风洞工作前后对比如图 5.39 所示。

图 5.38 实验模型各部件及装配体

(a) 风洞工作之前

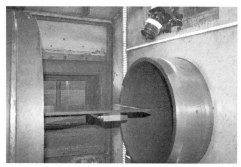

(b) 风洞工作之后

图 5.39　风洞中的实验模型实物及液晶涂层在风洞工作前后对比

5.6.2　实验参数设计

本次液晶摩阻测量实验于 2023 年 2 月进行,共 9 车,车次号为 190~198。风洞来流模拟 20 km 高空的气体参数,具体数值在表 5.10 中给出。

表 5.10　液晶摩阻测量实验来流条件

Ma	P_0/MPa	T_0/℃	q_∞/MPa	P_∞/Pa	Re/m^{-1}	H/km
6	6	231	0.098	3 800	5.45×10^7	20

在高超声速风洞中,压力传感器不能直接暴露在外,且本次实验的独立气源射流是直接垂直进入 $Ma6$ 高超声速来流,难以利用压力传感器对射流出口的压力进行直接测量。因此,本实验在激励器内部设置压力传感器,以激励器静压为变量进行研究。

为实现本次实验的主要目的,探究射流激励器静压、气体种类以及射流出口尺寸等因素的变化对平板摩阻减小效果的影响,本次实验采用控制变量法进行对照组与实验组的实验安排,如表 5.11 所示。

5.6.3　射流减阻控制效果

1. 实验数据采集

基于控制变量法的原则,对照组(图 5.40)并未使用完整封闭的平板,而是采用带有 40 mm×2 mm 开口的平板,同时关闭独立气源。此做法的目的在于探

表 5.11　实验安排

组　次	射流气体	激励器静压/kPa	射流出口尺寸/mm
对照组 0		0	
实验组 1	空气	54	
实验组 2		82	
实验组 3			40×2
实验组 4	氩气	99	
实验组 5	二氧化碳		
实验组 6		130	
实验组 7	空气	99	40×1
实验组 8			20×2

究射流出口本身对摩阻的影响,排除后续实验组次潜在的干扰因素。压力传感器测得激励器内部实际静压为 1 kPa,略低于流场静压,不会导致射流产生。安装实验部件之后开启风洞,在 *Ma*6 的高超声速流场停留 1 s 时启动 CCD 相机对实验部件进行拍摄。

图 5.40　对照组 CCD 相机拍摄照片

使用数据处理终端处理此照片后生成一个 2 586 000×3 的数值矩阵,其中第一列代表像素点的横坐标 x,第二列代表像素点的纵坐标 y,第三列则储存该像素点的相对摩阻。将此数值矩阵导入 Tecplot 软件中,得到一张分辨率为 1 293×2 000 的彩色图像(5 个像素点长度等于实际 1 mm)。像素点的颜色与摩阻一一对应,如图 5.41 所示,其意义在于表征摩阻的相对大小,而非绝对数值。为便于理解,本节在数据处理时摩阻用 f 表示。

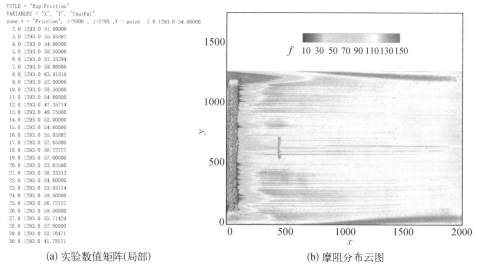

(a) 实验数值矩阵(局部)　　　　　　　(b) 摩阻分布云图

图 5.41　对照组实验数值矩阵(局部)及摩阻分布云图

为了更直观地体现射流出口对于摩阻的影响,在图 5.41(b) $y = 650$、$y = 1 068$、$x = 300$、$x = 1 000$ 处分别作四条辅助线(图 5.42),提取其数据并绘制 f-x 曲线和 f-y 曲线,如图 5.42 所示。从图 5.42(b) 可以看出,在射流出口附近的摩阻低于平板上侧未受出口影响的区域,这种影响向下游持续一段距离然后渐渐消失。图 5.42(c) 也证实了在 y 方向上受到射流出口影响的摩阻低于两侧对照区域。由此可知,即使没有接通独立气源,射流出口本身对于摩阻也有一定的影响。

但是,仔细观察图 5.42(b) 能够发现,实验结果和模拟计算结果是不一样的——实验过程需要齿形转捩带来促进流场充分发展,弊端在于会导致流场并非均匀、对称分布,即作线取值的方式存在不可避免的误差。为了展示整体区域的数值,精确量化射流出口对摩阻的影响,在其下游划分三块区域,位置与尺寸如图 5.43 所示,分别计算其范围内所有像素点的平均相对摩阻。

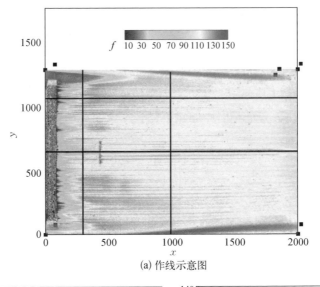

(a) 作线示意图

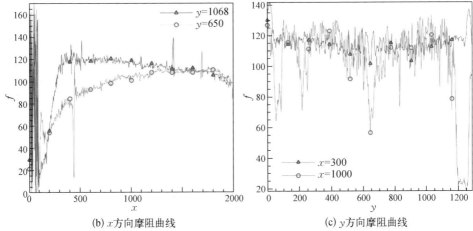

(b) x 方向摩阻曲线   (c) y 方向摩阻曲线

图 5.42 对照组作线示意图及曲线

首先确定对照区域:选取射流出口上侧的条形区域为参照,为保证不受射流出口和平板边界的影响,在展向上确定其范围从第 150 行到第 300 行,宽度为 30 mm;为了与受控区域对照时更有说服力,在流向上从第 500 列直至最右端的第 2 000 列,长度为 300 mm,下文简称对照区,总共包含约 22.5 万个像素,平均相对摩阻为 113。

然后选取直接受控区域:射流出口正下游的中部受控区域,展向从第 550 行至 750 行,宽度为 40 mm,与射流出口一致;流向从第 500 列至 2 000 列,长度为300 mm,与对照区域一致,下文简称局部区域,共包含约30万个像素,平均相对摩阻为111。

最后选取整体受控区域:为排除平板边缘的激波干扰,上下侧均去掉30 mm后选取下游全部区域,即展向从第150行至1 150行,宽度为200 mm;流向仍与前者保持一致,长度为300 mm,下文简称整体区域,共包含约150万个像素,平均相对摩阻为111。

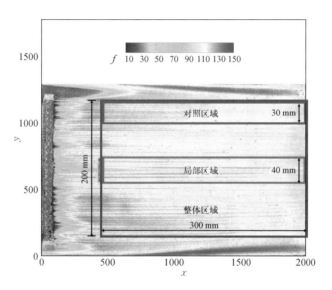

图 **5.43**　区域划分示意图

从所选区域的平均相对摩阻来看,平板上开设40 mm×2 mm 的射流出口会略微降低摩阻,但是局部减阻率仅1.77%,整体减阻率更是趋近于0,可见出口本身并不是降低摩阻的主要原因。而且下文接通独立气源的各个实验组也将同样进行划分区域取平均值的处理步骤,减阻率均会基于对照区域平均值的计算,进一步排除出口本身对实验结果的影响。

除对照组与测试组之外,本次实验共有8组不同的工况,具体见表5.11。CCD 相机拍摄的结果如图5.44所示,光照、角度等影响因素令照片颜色产生了一些偏差。

将各实验组的 dat 数据文件用上文方法进行同样的处理,分别得到其摩阻的分布与相对大小,如图 5.45 所示。通过对 0~9 各组实验进行取值计算(表5.12给出了相关结果),可以发现本应相同的对照区域相对摩阻存在一定的差异。

图 5.44　实验组 CCD 相机拍摄结果

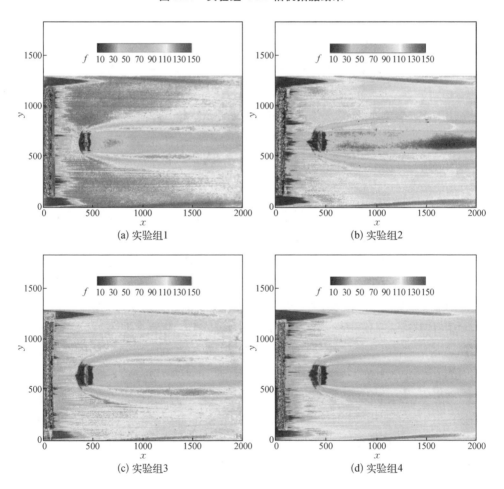

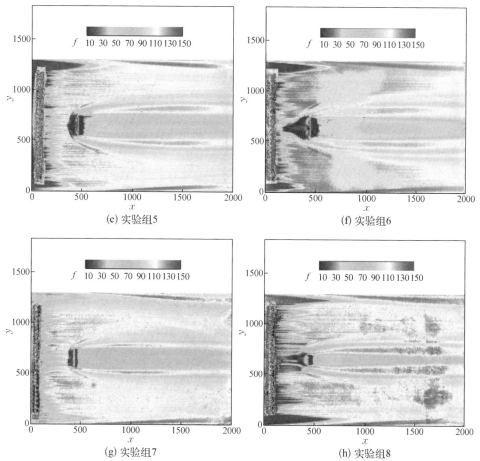

(e) 实验组5　　　　　　　　　　(f) 实验组6

(g) 实验组7　　　　　　　　　　(h) 实验组8

图 5.45　实验组摩阻分布云图

表 5.12　对照区域平均相对摩阻以及标定系数

组　　次	对照区域平均相对摩阻	标 定 系 数
对照组 0	113	0.66
实验组 1	120	0.63
实验组 2	105	0.71
实验组 3	103	0.73
实验组 4	103	0.73
实验组 5	110	0.68

续　表

组　　次	对照区域平均相对摩阻	标 定 系 数
实验组 6	116	0.65
实验组 7	106	0.71
实验组 8	114	0.66

2. 实验数据标定

为了使实验结果统一规范,通过以下三个步骤对实验数据进行标定。

(1) 将对照组的所有相对摩阻除以 1.5 以令其取值区间由 $(0,150)$ 变为 $(0,100)$,并且将以此法得到的平均相对摩阻 75 设置为标定值。

(2) 再用此标定值除以各组的对照区平均相对摩阻,分别得到其标定系数。

(3) 将标定系数乘以各自的实验数据,得到标定后的摩阻云图。需要注意的是,由于本实验的摩阻 f 表示相对值,各组数据的线性变化并不会影响实验结果的正确性。

对各组实验标定后的结果划分区域。对照区域展向从第 150 行到第 300 行,宽度为 30 mm,流向从第 500 列直至最右端的第 2 000 列,长度为 300 mm,总共包含约 22.5 万个像素;局部区域展向从第 550 行至 750 行,宽度为 40 mm,流向与对照区域保持一致,共包含约 30 万个像素;整体区域展向从第 150 行至 1 150 行,宽度为 200 mm,流向与对照区域保持一致,共包含约 150 万个像素。标定后的摩阻分布云图如图 5.46 所示。

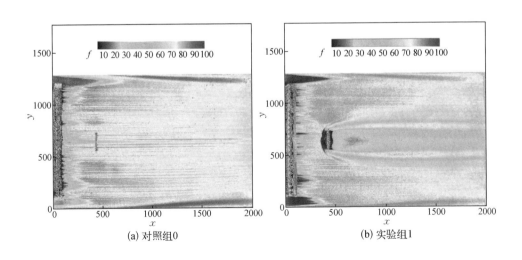

(a) 对照组0　　　　　　　　　　　　　　(b) 实验组1

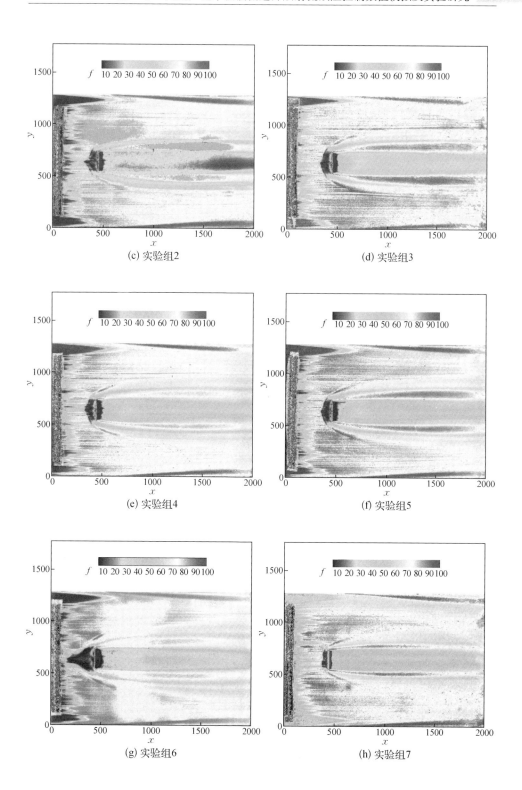

(c) 实验组2

(d) 实验组3

(e) 实验组4

(f) 实验组5

(g) 实验组6

(h) 实验组7

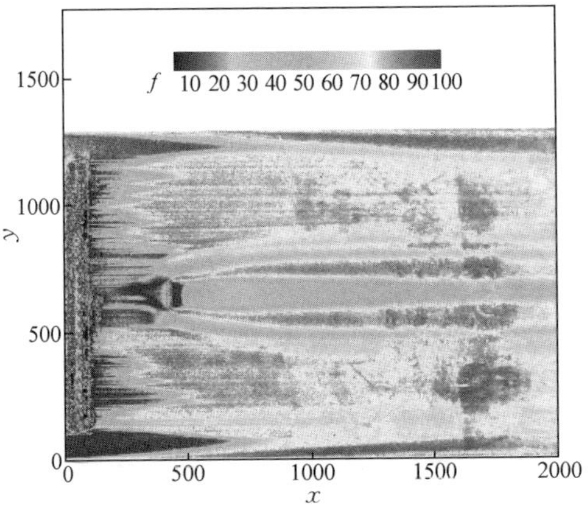

(i) 实验组8

图 5.46　标定后的摩阻分布云图

　　将此 8 组实验摩阻分布云图的射流控制区域同样划分为局部区域和整体区域,分别计算其平均相对摩阻,然后以标定值 75 为基准计算减阻率,相关结果在表 5.13 中给出。

表 5.13　射流控制区域平均摩阻及其减阻率

组次	局部区域平均相对摩阻	整体区域平均相对摩阻	局部减阻率/%	整体减阻率/%
对照组 0	73.67	73.67	1.77	1.77
实验组 1	38.24	63.33	49.01	15.56
实验组 2	23.20	59.28	69.07	20.96
实验组 3	40.05	68.45	46.60	8.74
实验组 4	43.69	66.26	41.75	11.65
实验组 5	42.95	65.45	42.73	12.73
实验组 6	31.62	64.08	57.84	14.56
实验组 7	55.19	70.05	26.42	6.60
实验组 8	46.71	70.39	37.72	6.15

　　需要说明的是,实验组 6 在实验过程中出现了 CCD 相机与光源协调的偏差,导致拍摄结果反光现象严重,经过数据处理、平均值计算与标定之后发现数据误差较大,因此在下面的参数影响分析中暂不使用该组数据。

5.6.4　参数影响规律

1. 激励器静压的影响

在高超声速风洞来流的马赫数、静压、静温等参数保持一致的前提下,如果实验平板、射流出口以及独立气源静温不发生变化,那么射流的状态仅取决于激励器内部的压力,即压力传感器读数。对照组的压力读数约为 1 kPa,此时几乎没有射流产生,出口本身的减阻效果很弱,局部减阻率与整体减阻率均为1.77%。考虑到实验不可避免的误差范围,零射流对照组可以认为并没有实际的减阻效果。

实验组 1、实验组 2 和实验组 3 在对照组的基础上,依次提高了激励器静压(表 5.11),其余变量保持一致。采取图 5.42(a)的方式在对照区域和局部区域作线取值,分别绘制流向 f-x 曲线图并进行对比,如图 5.47 所示。

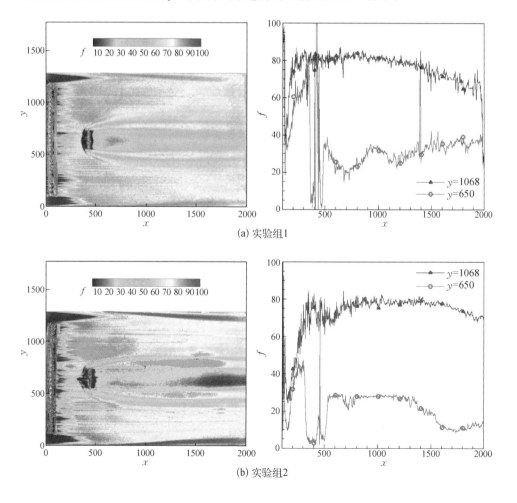

(a) 实验组1

(b) 实验组2

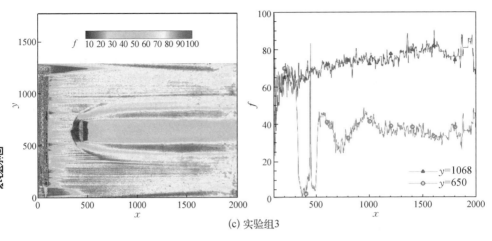

(c) 实验组3

图 5.47 实验组 1、实验组 2 和实验组 3 的摩阻云图与曲线图

结合 f-x 曲线和表 5.13 平均相对摩阻的结果可以看出,无论局部区域还是整体区域,实验组 1、实验组 2 和实验组 3 的减阻率均有先增后减的趋势,说明在此压力范围内减阻率与激励器静压不是单调关系,而是存在一个最佳静压值。分别对其平均相对摩阻数据进行拟合,如图 5.48 所示。

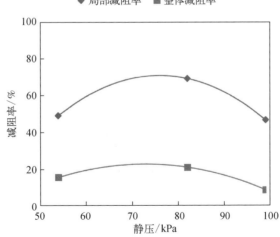

图 5.48 激励器静压与减阻率拟合曲线

两组曲线的拟合公式分别如下。

局部减阻率:$y = -0.045\,3x^2 + 6.876\,3x - 190.24$

整体减阻率:$y = -0.020\,3x^2 + 2.948\,2x - 84.564$

以上分析可以说明,在一定范围内,局部减阻率存在最佳激励器静压为76 kPa,即 20 倍来流静压,此时局部减阻率可以达到 71%;整体减阻率存在最佳激励器静压为 72 kPa,即 18.9 倍来流静压,此时整体减阻率可以达到 23%。

为了分析这种变化规律的原因,将实验组 1、实验组 2 和实验组 3 的摩阻分布与大小进行对比(图 5.47)。可以看出,随着激励器内部压力升高,高超声速来流产生的流向涡增强,冲击壁面的速度与压力增加,使得其与壁面的接触区域的面积和摩阻均逐渐增大。射流压力超过一定数值后,流向涡与壁面的接触区域摩阻占据较大比例,并且带动附近区域摩阻升高,使得平板壁面的整体减阻控制效果下降。

2. 射流气体种类的影响

本实验大部分组次使用空气压缩机作为独立气源提供射流,但是进行实验组 4 和实验组 5 的实验时分别尝试了氩气与二氧化碳两种不同的气体,采用对应的高压气瓶作为气源。本节研究的高超声速射流减阻完全属于物理课题,与化学、核工业等领域无关,因此更换射流气体的关键仅在于其物理性质,即相对分子质量的不同。空气的相对分子质量约为 29,而氩气约为 40,二氧化碳约为 44,因此实验组 3、实验组 4 和实验组 5 的射流气体相对分子质量是递增关系。对这三组数据的摩阻分布云图(图 5.45)按照图 5.42(a)的方式在对照区域和局部区域作线取值,流向 f-x 曲线对比如图 5.49 所示,三者 $y=1\,068$ 高度对应的摩阻曲线(对照区内取值)与 $y=650$ 高度对应的摩阻曲线(中线取值)的形状走势比较相似——$x=450$ 之后是射流控制范围,在此范围内,$y=650$ 高度对应的摩阻曲线先增后减,均在 $x=720$ 处取得极小值后转为递增,又在 $x=950$ 处达到极大值,最后转为递减并逐渐平缓。

三个实验组的摩阻曲线数值大小也很接近,表 5.12 显示的平均相对摩阻也证实了这一看法。但是细微之处亦有差别:相对分子质量比较大的射流,其中部减阻率略低于空气,也就是射流正后方的直接控制区域减阻效果比空气差一些;可是如果从下游整体的区域来看,减阻率随着射流气体相对分子质量递增而递增。

经过分析,随着射流气体相对分子质量的增加,与来流空气发生动量交换时更容易将后者排向两侧,增大射流出口的等效宽度,使得实际减阻控制范围变宽。虽然局部减阻效果略逊一筹,可是整体减阻效果得到了明显改善。

根据表 5.13 中实验组 3、实验组 4、实验组 5 的整体减阻率绘制变化曲线,图 5.50 反映出整体减阻率随射流气体相对分子质量的增加而线性升高,而且两者近似呈正比例关系,比例系数约为 0.29。

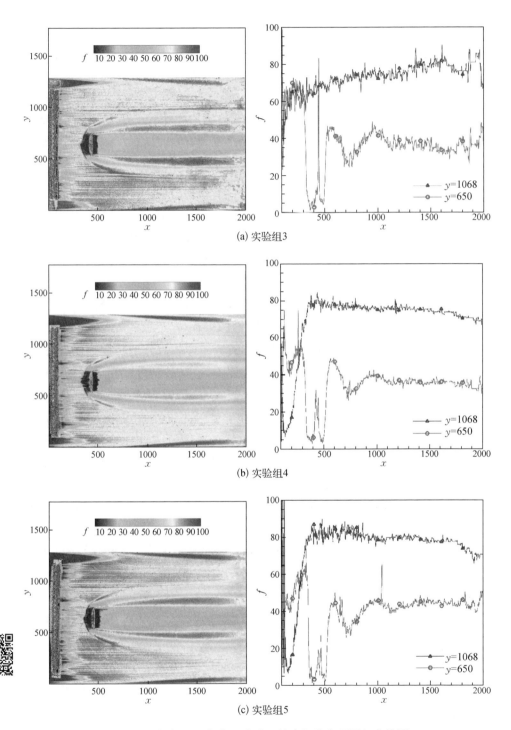

图 5.49　实验组 3、实验 4、实验 5 的摩阻分布云图与曲线图

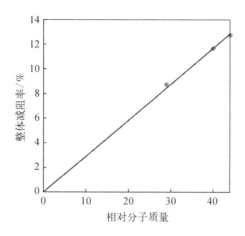

图 5.50 整体减阻率随相对分子质量的变化

3. 射流出口尺寸的影响

本次实验的对照组以及实验组 1~6 均使用同一块平板,其上有 40 mm×2 mm 尺寸的射流出口(见图 5.40 平板模型)。为了探究射流出口尺寸对减阻效果的影响,分别在实验组 7 和实验组 8 将出口宽度和长度减半,并按照此出口尺寸另外加工了两块平板用于风洞实验,同时基于控制变量法,保证其激励器静压与实验组 3 保持一致(表 5.11)。

对实验组 3、实验组 7 和实验组 8 的摩阻分布云图(图 5.46)按照图 5.42(a)的作线方式在对照区域和局部区域作线取值,流向 f-x 曲线对比如图 5.51 所示,与实验组 3 相比,实验组 7 中 $y=1\,068$ 高度对应的摩阻曲线摩阻整体明显升高,意味着中部减阻效果变差。根据表 5.13 的平均摩阻数据,其整体减阻率受中部减阻的影响同样有所降低。需要注意的是,本组对比实验保持激励器静压不变,但是射流出口变窄会导致射流压力升高,根据实验组 1、实验组 2 和实验组 3 得出的结论,压力升高超过一定程度会使减阻率降低。这组对比实验从另一个角度证明了此结论的可靠性。

实验组 8 中 $y=1\,068$ 高度对应的摩阻曲线保持低水平而后明显升高,说明其射流减阻的有效区域在流向上变短,减阻效果变差,这同样受到射流出口静压升高的影响。根据平均相对摩阻数据,其中部减阻效果有所降低(本实验组的中部区域已根据射流出口长度减半而调整为第 600 行至 700 行),但是比实验组 7 要高,整体减阻率却低于实验组 7,降低幅度更显著。说明减阻的有效区域会随着出口长度减半而在展向上变窄,靠近两侧的区域更不容易受到射流的减阻效果影响。

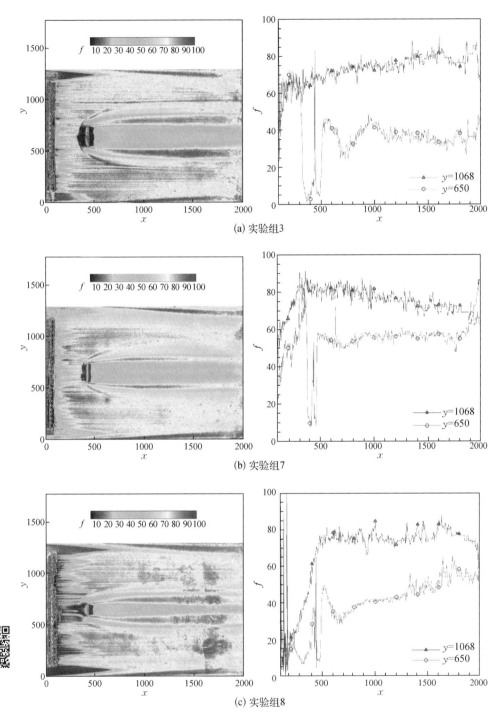

(a) 实验组3

(b) 实验组7

(c) 实验组8

图 5.51 实验组 3、实验组 7 和实验组 8 的摩阻云图与曲线图

5.7　本章小结

本章采用数值模拟方法开展能量自持合成射流高超声速湍流边界层减阻控制研究,研究了不同射流压力和出口尺寸的影响,并从局部与整体两方面分别探究了高超声速平板湍流边界层壁面射流的减阻控制效果与影响因素。并以平板模型为研究对象,开展了能量自持射流对边界层温度及摩阻的控制验证实验。通过模型表面温度、摩阻的数据处理与分析,验证了自持射流对于平板的降热与减阻作用,获得了不同射流条件下平板表面摩阻的变化及其分布,取得了较好的减阻效果。得出以下结论。

(1) 当减阻控制的研究对象为平板壁面射流下游的局部区域时,影响规律如下:在一定范围内,壁面射流减阻率与射流压力呈正相关关系;当射流压比(射流静压与来流静压的比值)为 14.6 时,平板局部减阻率可以超过 40%;在一定范围内扩大出口尺寸可以减小平板下游控制区域的表面摩阻系数,改善射流的局部减阻效果。

(2) 当减阻控制的研究对象为平板整体区域时,影响规律会有所不同:在一定范围内,随着射流压力的增大,平板整体减阻率表现出先增后减的趋势,当出口静压为 41.92 kPa 时,整体减阻率达到 9.27%,射流压力继续增大会使两侧形成的流向涡增强,导致平板的整体减阻率下降;在一定范围内扩大壁面垂直射流的出口尺寸可以增大有效减阻区域的宽度,进而改善平板整体减阻效果。

(3) 能量自持射流能够明显降低平板湍流的表面温度,下游局部区域降热幅度可达 30%,但是降热效果会随着流动方向逐渐减弱。

(4) 将能量自持射流入口缩小 50% 之后,有效减阻区域显著增宽,射流的整体减阻率从 31% 提升至 75%,这说明在一定范围内适当减小射流质量流量和射流压力,可以实现更好的控制效果。

(5) 在高总压来流条件下,能量自持射流整体减阻率可以达到 75%,低总压来流条件下,能量自持射流压力随之减小,使得减阻效果有所降低,整体减阻率接近 50%。

(6) 能量自持射流压力过高或者过低均会造成整体减阻效果下降,表明在一定范围内存在最佳射流参数,可以使高超声速湍流边界层取得最好的减阻控制效果。

开展了独立气源射流减阻验证实验,获得了共计 9 组实验原始数据,通过对实验结果的分析研究,得出了以下结论。

(1)在一定范围内,高超声速平板湍流边界层的射流减阻率随着射流激励器静压增加而先升后降,在内外压比(激励器内部静压与来流静压的比值)为 20 时,壁面垂直射流可以取得最好的减阻控制效果,整体减阻率超过 20%,射流下游局部区域的减阻率可以达到 70% 以上。

(2)射流气体相对分子质量的增加可以使得平板壁面的整体减阻率线性提升,而且两者呈正比例关系。

(3)在激励器静压不小于最佳压力的情况下,射流出口在流向上变窄会引起射流压力的升高,进而导致减阻率下降;射流出口展向变短则会导致射流减阻的控制范围变小,对整体减阻效果造成负面影响。

本章通过对两项实验结果的分析研究,揭示了高超声速自持射流的来流总压、射流质量流量、独立气源激励器静压、射流气体种类以及出口尺寸等参数变化对于高超声速平板湍流边界层的局部减阻效果与整体减阻效果的影响规律,与前文数值模拟结果得到的规律相符。数值模拟与风洞实验互为支撑,表明本章使用的数值模拟与实验方法在研究高超声速平板湍流边界层减阻控制时具有可靠性。

参考文献

[1] 沙心国,郭跃,纪锋,等.高超声速圆锥边界层失稳条纹结构实验研究[J].空气动力学学报,2020,38(1): 143 – 147.

[2] 纪锋,解少飞,沈清.高超声速 1 MHz 高频脉动压力测试技术及其应用[J].空气动力学学报,2016,34(5): 587 – 591.

[3] 陈星,文帅,潘俊杰,等.三角翼标模摩擦阻力测量的高超声速风洞实验与数据确认[J].气体物理,2017,2(2): 54 – 63.

第 6 章

基于壁面吹气控制的高超声速湍流
边界层减阻特性研究

近年来,高超声速飞行器得到了迅猛发展,尽管如此,高超声速技术的发展依然存在诸多障碍。研究表明,高超声速飞行器飞行阻力中尽管是激波阻力占据主导地位,但湍流摩阻也不可忽视[1]。如何高效减小飞行阻力、增加高超声速飞行器的航程,是各航空大国都开始关注的焦点。事实上,高超声速流中的减阻增程问题已成为制约高超声速飞行器长时间飞行的关键问题,迫切需要发展的新的流动控制方法。高超声速复杂流动与控制是高超声速空气动力学的核心问题,也是高超声速飞行器技术发展的三大瓶颈问题之一。本章将针对高超声速飞行器面临的高湍流摩阻,开展基于壁面吹气控制的湍流减阻直接数值模拟与风洞实验研究,分析背后的物理机制,为相关技术攻关提供新的设计思路。

6.1　高超声速湍流边界层速度–温度耦合减阻控制研究

第 5 章对超声速湍流边界层开展了基于速度–温度耦合控制的减阻研究,本节将这种控制方式进一步推广到高超声速湍流边界层减阻应用中,分析高超声速湍流中的减阻机制与机理。

6.1.1　来流条件与数值计算格式

本节的来流条件为中国航天空气动力技术研究院 FD-7 常规高超声速风洞的参数,马赫数为 6、静温为 54.9 K,雷诺数为 2.0×10^4 mm^{-1}。需要说明的是,不同于第 5 章,本节选取的特征长度为 1 mm。计算模型为尖平板,设为等温壁,壁温与气流的绝热恢复温度相同。在开展三维计算之前,首先开展二维层流边界层的数值模拟,获得了距离平板前缘 100 mm 位置的二维剖面(图 6.1),对应的入口动量雷诺数为 Re_{θ} = 1 810.8。因此,三维层流入口的来流条件如表 6.1 所示。

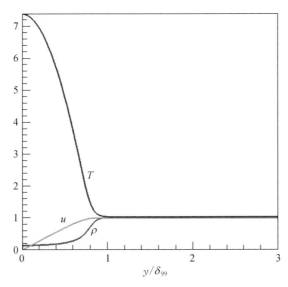

图 6.1　100 mm 位置处的层流速度剖面

δ_{99}表示边界层厚度

表 6.1　高超声速湍流边界层来流条件

Ma_{∞}	Re/mm	T_{∞}/K	δ_{in}/mm	Re_{θ}	T_{w}/K
6	20 000	54.9	1.73	1 810.8	405.9

注: T_{∞}表示来流温度;δ_{in}表示入口边界层厚度。

　　本节设计了四组算例,分别研究速度控制、温度控制及速度-温度耦合控制对控制效果的影响,具体参数如表 6.2 所示。NC 表示无控状态下的参考算例;对控制区域施加定常的壁面吹气控制,其速度幅值为来流速度的 0.1%(记为 B1);而对于温度参数,采用绝热壁温作为参考,加热情况下,温度设为 1.01 T_{b}/T_{w}(记为 H1,T_{b} 为吹气温度,T_{w} 为壁温);对于速度-温度耦合控制,其是壁面吹气和壁面加热的组合(即热壁面吹气,表示为 B1H1)。控制区域依然采用狭缝式设计,本节同样设计了 6 个狭缝,间距约为 $\Delta z^{+}=51$,接近湍流边界层中高速条带与低速条带之间的间距。控制区域的流向范围是 $x=[1\ 000\ \text{mm},\ 1\ 310\ \text{mm}]$。

表 6.2　各个算例下的控制参数　　　　　　　　　　（单位：%）

工　况	速度幅度 Δv	温度幅度 ΔT
NC	0	0
B1	0.1	0
H1	0	1
B1H1	0.1	1

图 6.2 给出了本节数值计算所用的网格示意图，为了清楚地展现网格的分布特征，图中对网格进行了稀疏处理，流向和法向每隔 8 个点显示一个网格，展向每隔 25 个点显示一个网格。整个计算域为长方体构型，整体计算区域为 $L_x \times L_y \times L_z = 1\,310\,\text{mm} \times 36\,\text{mm} \times 30\,\text{mm}$，其中上游为层流入口条件，下游为出口条件，在下游设置缓冲区，防止下游边界上的扰动影响上游的边界层流场，流向方向上有效的计算域范围为 $L_x = 1\,200\,\text{mm}$；同样，壁面设置为等温（绝热壁温）无滑移壁面条件，并对壁面网格进行加密，在上边界对网格进行稀疏化处理并设置为无反射边界条件，防止边界上的扰动影响流场；展向则采取周期性边界条件。在三个方向上的网格点数分别为 $N_x \times N_y \times N_z = 4\,482 \times 155 \times 256$，其中，在流向方向上对湍流区域进行加密，法向方向上对边界层进行指数型加密，展向则采用

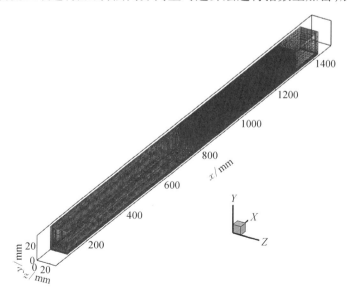

图 6.2　计算域及网格示意图

等距网格。在充分发展的湍流区域中,三个方向的网格分辨率分别为 $\Delta x^+ \times \Delta y^+ \times \Delta z^+ = 6.3 \times 0.47 \times 3.7$,所用的网格已经非常密集,足以捕捉到小尺度湍流结构。整体网格量约为 1.78 亿。计算域的大小与网格精度同样采用两点相关性分析和二维速度能谱进行测试,在此不再赘述。

为加速转捩过程以尽快生成湍流,在平板前缘附近添加随机吹吸扰动,扰动的形式与第 3 章所述一致,流向范围是 $x = [150\ \text{mm},\ 200\ \text{mm}]$,频率为 44.5 kHz,为加速转捩过程,扰动幅值为 0.15。大规模数值计算在国家超级计算广州中心进行,使用 576 个核心进行并行计算,计算时间约 10 天。

数值模拟同样基于 OpenCFD 程序开发,这里黏性项采用的是八阶中心差分格式,无黏项的格式选取 WENO-SYMBO,是因为高超声速湍流边界层中存在很多的小微波结构(shocklets),所用格式既需要有足够的分辨率以解析湍流结构,又要有足够的耗散以抑制数值振荡。但 WENO-SYMBO 的鲁棒性有所降低,需要使用滤波技术,这里采用的是 Bogey 和 Bailly 提出的“激波捕捉滤波”[2]。时间步长设为 $0.03\delta/u_\infty$(u_∞ 为来流速度),其中 δ 为 1 mm。在经过 5 000 个无量纲时间后(壁面摩阻达到稳定),开始对数据进行采样,采样的时间间隔为 $1.2\ \delta/u_\infty$,共采集了 2 000 个样本以进行统计平均。

6.1.2 数值验证

与超声速湍流边界层相比,高超声速湍流边界层的可压缩性更强,多尺度湍流结构也会带来众多的 shocklets,计算难度更高,要充分考虑数值格式的耗散特性。为此,需要对高超声速湍流边界层的计算结果进行充分验证。图 6.3 给出了壁面摩阻系数随流向坐标 x 的变化关系,图中也给出了 White[3] 的理论估计值。可以看到,摩阻系数随着边界层转捩的发生快速升高,经过短暂的超调之后迅速恢复到平衡态,在充分发展的湍流区域,本节的计算值与理论值可以很好地吻合,说明了计算结果的准确性。

图 6.4 给出充分发展段某一站位流向速度的 van Driest 变换(u_{VD}^+ 采用当地的摩擦速度 u_τ 进行无量纲化,横坐标为无量纲高度 y^+),为进行比较,图中也给出了 Duan 等的结果[4]。可以看出,在绝热壁面温度下,速度剖面能够与经典的壁面律吻合得很好。其中,对数律区的斜率 κ 为 0.41,截距 C 的值为 5.2,与 Duan 等的结果[4] 一致。需要说明的是,本节计算最开始采用的是七阶 WENO 格式,该格式耗散较大,导致计算出来的 C 值偏高(达到 5.9),摩阻系数也偏高,在经过多次测试以后选择了数值耗散更低的 WENO-SYMBO 格式。

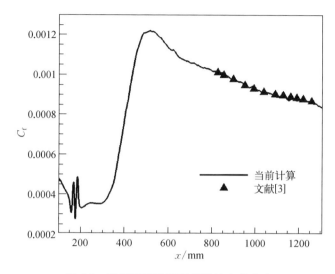

图 6.3　平板壁面摩阻系数沿流向的分布

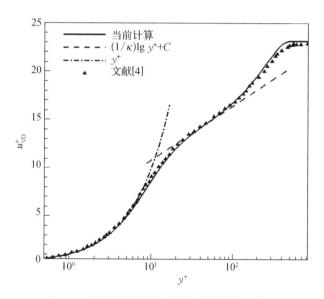

图 6.4　充分发展湍流区速度剖面的壁面律

图 6.5 给出了下游充分发展湍流区湍流强度的分布,为考虑压缩性的影响,这里横坐标采用的是 Morkovin's scaling,即边界层名义厚度进行无量纲化。图中也给出了 Duan 等[4] 开展的绝热壁温下的结果。图中显示,本节的计算结果与 Duan 等的结果在内外边界层中都能够很好地吻合,充分证明了本节网格与数值设置的准确性。

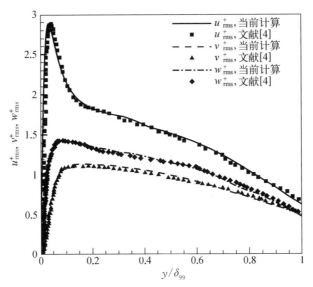

图 6.5　充分发展湍流区的湍流强度分布

u_{rms}^+ —流向速度均方根；v_{rms}^+ —法向速度均方根；w_{rms}^+ —展向速度均方根

6.1.3　减阻率与收益评估

首先给出施加控制前后壁面摩阻系数沿流向的分布，如图 6.6 所示，分别施

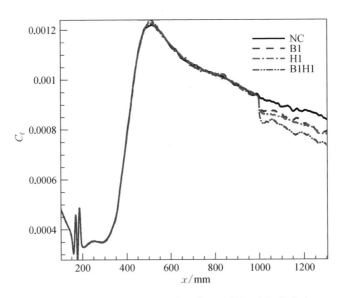

图 6.6　不同控制方式下的壁面摩阻系数沿流向的分布

加壁面吹气与壁面加热控制以后,壁面摩阻降低,并且后者的减阻效果要优于前者。而施加了速度-温度耦合(热壁面吹气)控制,摩阻系数更是大幅度降低。为定量进行比较,表 6.3 给出了不同控制方式下的减阻率,其计算方式与第 4 章中相同。在 B1 算例中,减阻率为 5.27%;在 H1 算例中,减阻率为 6.35%,减阻效果约为壁面吹气的 1.2 倍。而施加了耦合控制以后,减阻率大幅度提升,高达10.58%,几乎是壁面吹气与壁面加热两者的减阻效果之和。也就是说,即使是在高超声速条件下,本节所提出的基于热壁面吹气的湍流边界层减阻控制方法依然能够达到壁面吹气与壁面加热的叠加效果。但是,与超声速条件下相比,高超声速条件下,壁面吹气/热壁面吹气的减阻效率大幅度降低,减阻率几乎降低了一半,这是由于高超声速湍流边界层的可压缩效应更强。主流的强可压缩性抑制了湍流边界层的法向脉动速度,使得所用流动控制方式产生的"虚拟壁面"作用减弱。

表 6.3　不同控制方式下的减阻率

工　况	B1	H1	B1H1
减阻率/%	5.27	6.35	10.58

图 6.7 给出了相应的不同控制方式下的减阻净收益图,图中同时也给出了超声速湍流边界层的减阻结果。首先,不难看到,高超声速条件下的净收益都要

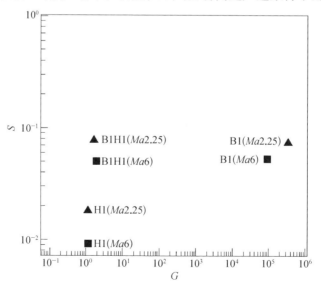

图 6.7　不同控制方式下的湍流减阻净收益图

低于超声速来流条件,表明强可压缩性使得控制效率降低。仔细分析每一种控制方式可以发现,单纯的壁面吹气控制方式(B1)依然具有更高的控制效率;壁面加热控制方式(H1)尽管减阻率较高,其所需的能耗也相当高(与壁面吹气相比),导致其净收益反而下降,控制效率降低。仔细观察热壁面吹气(B1H1)的减阻净收益可以发现,其相对于壁面吹气控制(B1)有所降低,表明热壁面吹气的控制效率不如单纯的壁面吹气。这可能是因为在高超声速高壁温比条件下,达到热壁面吹气控制所需的能耗要远高于超声速条件。因此,上述分析表明,在高超声速湍流边界层中,尽管速度-温度耦合控制的湍流减阻控制方式有更高的减阻率,其控制效率可能反而不如单纯的速度型控制。

本章借鉴陈哲[5]的做法,采用修正的 FIK 恒等式对高超声速湍流边界层的摩阻系数进行分解,其表达式如下:

$$
\begin{aligned}
C_f(x) &= C_1(x) + C_t(x) + C_m(x) + C_c(x) + C_{ct}(x) + C_d(x) \\
&= \frac{4}{Re_\delta}(1 - \delta_d) + 4\int_0^1 (1 - y)(-\overline{\rho u'' v''})\,\mathrm{d}y \\
&\quad + 4\int_0^1 (1 - y)(-\bar{\rho}\tilde{u}\tilde{v})\,\mathrm{d}y + \frac{4}{Re_\delta}\int_0^1 (1 - y)(\bar{\mu} - 1)\frac{\partial \bar{u}}{\partial y}\,\mathrm{d}y \\
&\quad + \frac{4}{Re_\delta}\int_0^1 (1 - y)\overline{\left[\mu'\left(\frac{\partial u'}{\partial y} + \frac{\partial v'}{\partial y}\right)\right]}\,\mathrm{d}y \\
&\quad - 2\int_0^1 (1 - y)^2 \bar{I}_x\,\mathrm{d}y
\end{aligned}
\tag{6.1}
$$

其中,

$$
\bar{I}_x = \frac{\partial \overline{(\rho u^2)}}{\partial x} - \frac{1}{Re_\delta}\frac{\partial \overline{\tau_{xx}}}{\partial x} - \frac{1}{Re_\delta}\frac{\partial}{\partial y}\left(\bar{\mu}\frac{\partial \bar{v}}{\partial x}\right)
\tag{6.2}
$$

C_1 为层流贡献项;C_t 为湍流贡献项;C_m 为平均对流贡献项;C_c 为可压缩贡献项;C_{ct} 为可压缩性与湍流相互作用贡献项;C_d 为流向发展贡献项;δ_d 为位移厚度;Re_δ 为位移雷诺数;μ 为黏性系数;上标"'"表示雷诺平均后的脉动量;"-"表示雷诺平均后的平均量;"″"表示 Favre 平均后的脉动量;"~"表 Favre 平均后的平均量。

图 6.8 绘制了不同控制方式下的摩阻系数分解柱状分布图,这里平均对流贡献项 C_m 前加了负号。从图中可以看出,在不受控制的高超声速零压力梯度平板湍流边界层中,湍流贡献项 C_t、平均对流贡献项 C_m 和流向发展贡献项 C_d 是湍流摩阻的主要来源,层流贡献项 C_1 和可压缩贡献项 C_c 的占比很小,可压缩性与

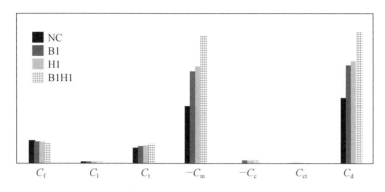

图 6.8　不同控制方式下的摩阻系数分解柱状分布图

湍流相互作用贡献项 C_{ct} 的占比则几乎可以忽略不计。

　　施加了三种流动控制技术以后,平均对流项急剧大幅度减小,这是湍流摩阻系数减小的直接原因。由于湍流增强效应的增强和边界层厚度的增加(下文将给出湍流增强效应的速度剖面),湍流贡献项和流向发展贡献项的占比增加,但其增长效应被平均对流项抵消,最终导致了阻力的减小。层流贡献项几乎不受影响。可压缩项 C_{c} 和可压缩与湍流相互作用项 C_{ct} 的贡献依然很小,但这并不意味着这两项的作用可以忽略不计。事实上,若壁面温度继续升高,可压缩项 C_{c} 的贡献将不容忽略[5]。这就表明,在修正的 FIK 摩阻分解框架下,对于受控于(热)壁面吹气高超声速平板湍流边界层,壁面摩阻系数减小的直接原因在于平均对流项的减小,湍流增强效应导致的湍流贡献项的增大不起决定作用。

6.1.4　湍流统计与结构特性

　　图 6.9 给出了不同控制方式下某一流向站位上的流向速度壁面律。可以看出,无控状态下的速度剖面符合经典的壁面律;施加控制以后,平均速度剖面离开壁面,缓冲区变厚,对数律区的斜率 κ 增大,常数 C 的值减小。这是因为施加控制以后,边界层内层的平均密度减小,平均温度提高,而热力学变量的变化直接导致了边界层流动特征的改变。同时,平均速度剖面远离壁面也说明了施加控制后,边界层厚度有所增加。

　　图 6.10 绘制了不同流动控制方式下的平均黏性剪应力(VSS+)和雷诺切应力(RSS+)。图中均以无控状态下的值进行无量纲化。可以看出,在近壁区($y^{+} \leqslant 15$),施加了流动控制以后,平均黏性剪应力大幅度减小,其直接导致了壁面摩阻的降低;而雷诺切应力大幅度增大的区域则主要分布在对数律区。上述

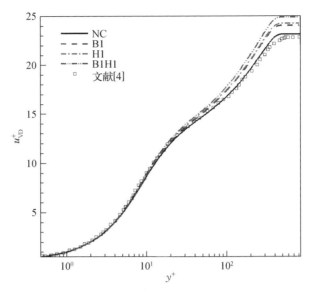

图 6.9　不同控制方式下的流向速度壁面律

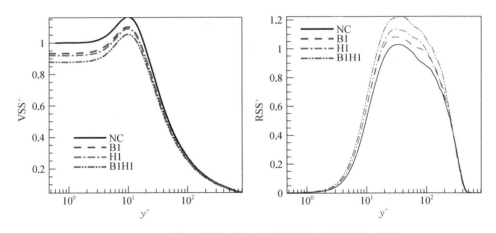

图 6.10　不同控制方式下的平均黏性剪应力与雷诺切应力

内容表明,尽管雷诺切应力增加,但近壁区平均黏性剪应力的大幅度减小是壁面摩阻减小的直接原因。

图 6.11 则给出了不同控制方式下湍流强度的变化特性。同样,三个方向的湍流强度均得到不同程度的增加,表明受控流场中依然存在湍流增强效应。其中,B1H1 中最大流向、法向和展向湍流强度增幅分别为 4.06%、11.02% 和 10.25%,均要低于超声速来流条件下的增长幅值。这说明高超声速来流条件下,流动控制方式引起湍流增强效应的程度相比超声速条件下有所降低,这是因

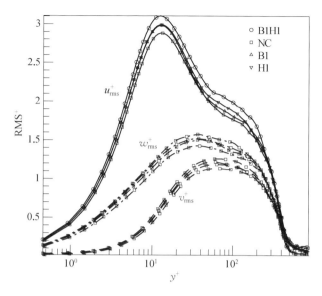

图 6.11　不同控制方式下的湍流强度变化特性

为高超声速流场中的可压缩效应更强。

　　为了进一步分析壁面吹气控制等方式对湍流边界层雷诺切应力的影响,下面将引入 Lumley 三角形[6, 7]对施加控制前后雷诺切应力的各向异性张量变化进行分析。可压缩流动中雷诺切应力的各向异性张量定义[8]如下:

$$\boldsymbol{b}_{ij} = \frac{\langle \rho u''_i u''_j \rangle}{\langle \rho u''_k u''_k \rangle} - \frac{1}{3}\delta_{ij} \tag{6.3}$$

其第二和第三不变量分别是

$$\boldsymbol{II}_{\mathrm{b}} = \boldsymbol{b}_{ij}\boldsymbol{b}_{ji}$$
$$\boldsymbol{III}_{\mathrm{b}} = \boldsymbol{b}_{ij}\boldsymbol{b}_{jk}\boldsymbol{b}_{ki} \tag{6.4}$$

　　施加控制前后的雷诺切应力各向异性张量分析如图 6.12 所示,图中的横纵坐标分别是各向异性张量的第三不变量和第二不变量。从图中可以看出,在近壁区,由于壁面的阻碍作用,雷诺切应力以两组分湍流(two-component turbulence)为主,其极值出现在 $y^+ = 6$ 附近;随着边界层高度的增加,湍流状态逐渐由轴对称膨胀状态(axisymmetric expansion)向各向同性状态(isotropic)逼近,并在 $y/\delta_{99} \approx 1$ 处达到极值。这种各向异性的变化表明了壁面约束对雷诺切应力各向异性特征的影响。同时可以发现,在 Lumley 三角形中,不同流动控制方式下的雷诺切应力

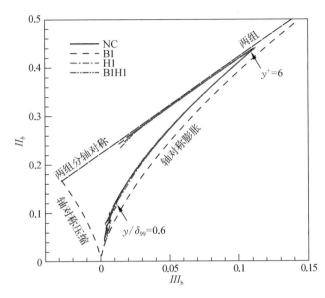

图 6.12 不同控制方式下的雷诺切应力各向异性张量 Lumley 三角形

各向异性特征未能看出明显差异。

下面将引入 Barycentric 三角形对雷诺切应力各向异性张量进行分析。不同于 Lumley 三角形中采用非线性映射方式描述 b_{ij} 的两个不变量，Banerjee 等[9]提出采用线性方式对张量 b_{ij} 进行映射，即 Barycentric 三角形，其具有变换简单和不易失真的优点。将雷诺切应力写成如下形式：

$$\boldsymbol{\tau} = \langle \rho u_i u_j \rangle = \frac{2}{3} k \delta_{ij} + a_{ij}$$

$$= 2k \left(\frac{1}{3} \boldsymbol{I} + \boldsymbol{b} \right) = 2k \left(\frac{1}{3} \boldsymbol{I} + \boldsymbol{V} \boldsymbol{\Lambda} \boldsymbol{V}^{\mathrm{T}} \right) \tag{6.5}$$

其中，$\boldsymbol{I}$ 是二阶单位阵；$\boldsymbol{V}$ 和 $\boldsymbol{\Lambda}$ 是对应的特征向量和特征值矩阵；$\boldsymbol{\Lambda} = \mathrm{diag}[\lambda_1, \lambda_2, \lambda_3]$。因此，这种表达形式实质上就是将张量 b_{ij} 进行了特征值分解。再通过坐标变换，将特征值写成如下形式：

$$
\begin{aligned}
c_1 &= \lambda_1 - \lambda_2 \\
c_2 &= 2 \times (\lambda_2 - \lambda_3) \\
c_3 &= 3\lambda_3 + 1
\end{aligned} \tag{6.6}
$$

此时，即可得到 Barycentric 三角形。与 Lumley 三角形相比，所有的湍流各向异性状态都包围在一个等边三角形中,图中任一点的几何意义是对三角形面积的划分,即与三个顶点连接起来后形成的三个三角形的面积之比。图 6.13 给出了不同控制方式下的雷诺切应力各向异性张量 Barycentric 三角形,图中圆点的颜色从浅色到深色表示坐标高度的增加。从图中可以看出,不同控制方式对雷诺切应力各向异性张量的影响主要局限于边界层内尤其是近壁区,并且壁面吹气等控制方式使得近壁区的流动更加趋近各向同性状态。这主要是因为施加控制以后,近壁区法向脉动速度 v' 和展向脉动速度 w' 增强,相应方向的雷诺切应力也进而增强。

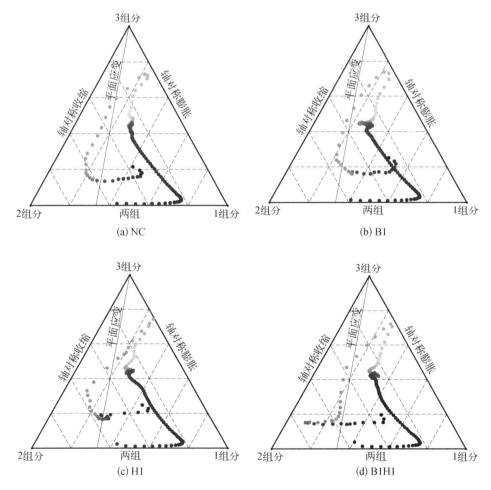

图 6.13　不同控制方式下雷诺切应力各向异性张量 Barycentric 三角形

现在进一步分析(热)壁面吹气控制对近壁区湍流状态的影响,定义不变量函数 F :

$$F = 1 - \frac{9}{2}II + 9III \tag{6.7}$$

在边界层没有受到流动控制时,近壁区的法向脉动速度由于splatting现象被抑制,湍流接近二组分湍流状态,也就是 F 的值为零。图6.14给出了施加控制前后近壁区各向异性不变量函数 F 的变化。可以看到,施加控制后,二组分湍流区域减小,其主导区域更加贴近壁面,这主要是由于 b_{22} 的增强。

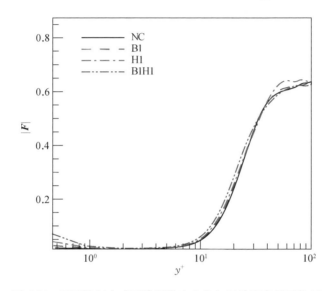

图6.14 不同控制方式下的雷诺应力各向异性不变量函数 F

因此,(热)壁面吹气控制等方式对雷诺应力各向异性不变量函数的影响主要体现在以下两点:① 对于内层,施加控制以后,近壁区的法向脉动速度和展向脉动速度增强,二组分湍流区域减小,各向异性减弱,流动趋近于轴对称压缩湍流状态;② 对于外层,其湍流状态并未发生明显变化,表明本节采用的壁面吹气等控制方式对外层并没有产生影响。研究结果表明,经过湍流放大之后,雷诺应力的特征并没有太大改变,而湍流强度的增强可归因于其拟序结构与涡强度的增强。

为使内容简洁,下文中关于湍流结构特性的对比,仅给出无控状态和热壁面吹气控制的结果。图6.15给出了充分发展湍流区域某一流向截面的瞬时温度分布云图。从图中可以看出,施加热壁面吹气控制以后,边界层整体厚度增加,在近壁区域,温度增加,密度减小,热力学量的改变直接导致平均流动特性的改变。

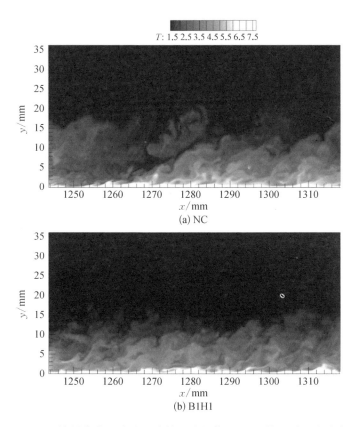

图 6.15　不同控制方式下湍流区域某一流向截面($x\text{-}y$)的瞬时温度分布云图

　　利用 Q 判据给出的充分发展湍流区涡结构如图 6.16 所示,图中给出了 $Q=$ 0.2 的等值面,并以当地流向速度着色。从图中可以看出,施加了热壁面吹气控制以后,边界层的拟序涡结构更为丰富密集,表明施加的流动控制方式增加了湍流脉动事件,出现了湍流增强效应。这与 Kametani 等在不可压流动中得到的结果[10]以及超声速流动中的结果相一致。

　　图 6.17 对比了不同控制方式下 $y^+=12$ 平面上的流向脉动速度分布云图,图中展示的速度范围为$-0.4\leqslant u'\leqslant0.4$,注意这里横坐标和纵坐标尺度采用的是毫米。图中存在明显的高低速条带结构。对比发现,施加热壁面吹气控制后,极高和极低脉动速度的区域明显增加,表明流场中湍流猝发事件增强,出现湍流增强效应;同时,仔细观察可以发现,受控流场中高低速条带的空间尺度有所变短,原有的条带结构发生改变。

　　进一步地,采用两点空间相关性来定量研究湍流边界层拟序结构空间尺度

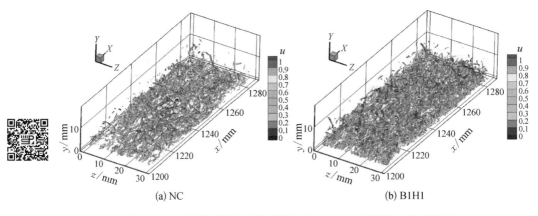

(a) NC (b) B1H1

图 6.16　充分发展湍流区的涡结构($Q=0.2$，以当地流向速度着色)

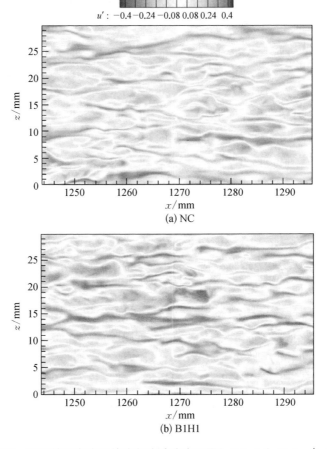

(a) NC

(b) B1H1

图 6.17　不同控制方式下的流向脉动速度云图($-0.4 \leqslant u' \leqslant 0.4$，$y^+=12$)

的变化。图 6.18 给出了流向脉动速度在流向-展向平面上的相关性分布图,图中的参考位置为 $x = 1\,269$ mm、$z = 15$ mm,法向平面高度为 $y^+ = 150$。从图中可以看出,受控流场的相关性分布图流向空间尺度大幅度减小,几乎为原来的一半,展向尺度则未见太大变化。当然,尽管采用相关性求解出来的流向尺度并不代表拟序结构的真实尺度,但也能够反映拟序结构尺度的变化。

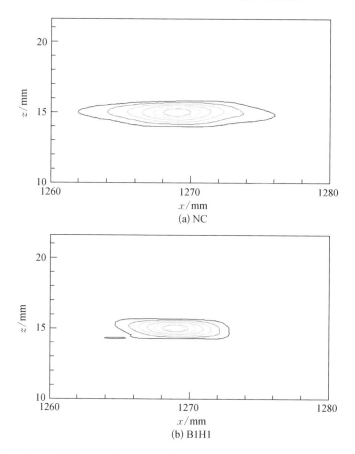

图 **6.18**　不同控制方式下的 x-z 平面流向脉动速度两点相关性分布图

6.2　减阻流场的拉格朗日拟序结构对比分析

在欧拉体系下,涡结构的提取与分析是基于当地瞬时速度梯度张量,具有一定的当地性与当时性,在物理客观性方面存在一定的问题(例如,需要人为调整阈值来判别涡结构的尺度大小),并且不能体现出流体非定常流动的时间相关性。近年来,基于拉格朗日框架下的被动标量输运结构分析方法成为湍流特征结构提取的新方法[11],这种方法在反映湍流结构的时间/空间演化特性方面具有独特的优势,其利用物质线来显示旋涡结构的边界,剔除了阈值猜测带来的主观性。本节拟基于直接数值模拟得到的三维高分辨率速度场信息,采用有限时间李雅普诺夫指数(finite-time Lyapunov exponent,FTLE)方法提取并对比分析受控前后的高超声速湍流边界层拉格朗日拟序结构(Lagrangian coherent structure,LCS),揭示拉格朗日运动框架下减阻流场中湍流结构的变化特征。

6.2.1　有限时间李雅普诺夫方法

在 LCS 的研究中,基于 FTLE 方法的涡识别研究最为广泛。李雅普诺夫指数是描述混沌系统的重要参数之一。在动力学系统中,定义如下方程:

$$\dot{x} = f(\boldsymbol{x}) \tag{6.8}$$

其中,$\boldsymbol{x}$ 为 n 维矢量。那么,如果给定初值 x_0,半径无穷小的以 x_0 为圆心的 n 维球面,在经过时间间隔 t 后,演化成为一个 n 维椭球面,此时,定义李雅普诺夫指数:

$$\sigma_i = \lim_{t \to \infty} \frac{1}{t} \ln \frac{\rho_i(t)}{\rho_i(0)} \tag{6.9}$$

式中,$\rho_i(t)$ 为椭球第 i 个轴的半径。

在流体力学欧拉框架下,可以得到流动的速度场信息,那么粒子的运动轨迹 $x(t)$ 则可以通过求解常微分方程 $\dot{x}(t) = \boldsymbol{u}(\boldsymbol{x}(t), t)$ 得到,其初始条件为流体粒子的初始位置 $\boldsymbol{x}(t_0)$。那么,任意时刻 $T+t_0$ 流体粒子的位置可以表达为

$$\varphi_{t_0}^{t_0+T}(\boldsymbol{x}): \boldsymbol{x}(t_0) \to \boldsymbol{x}(t_0 + T) \tag{6.10}$$

其中,$\varphi_{t_0}^{t_0+T}(\boldsymbol{x}) = \boldsymbol{x}(t_0 + T)$ 表述的是 t_0 时刻在位置 $\boldsymbol{x}(t_0)$ 的粒子经过 T 时间间隔后的位置。那么粒子的位移可以通过式(6.11)得到:

$$\delta \boldsymbol{x} = \nabla \varphi_{t_0}^{t_0+T}(\boldsymbol{x}) \delta \boldsymbol{x}_0 \tag{6.11}$$

式中,$\nabla \varphi_{t_0}^{t_0+T}(\boldsymbol{x})$ 是变形梯度张量,其定义式为

$$\nabla \varphi_{t_0}^{t_0+T}(\boldsymbol{x}) = \frac{\mathrm{d} \varphi_{t_0}^{t_0+T}(\boldsymbol{x})}{\mathrm{d} \boldsymbol{x}} \tag{6.12}$$

摄动量 $\delta\boldsymbol{x}$ 的振幅可以用向量的范数表示,其表达式为

$$\| \delta\boldsymbol{x} \| = \sqrt{\langle \delta\boldsymbol{x}_0, [\nabla\varphi(\boldsymbol{x})]^* \nabla\varphi(\boldsymbol{x})\delta\boldsymbol{x}_0 \rangle} \tag{6.13}$$

其中,$[\ ]^*$ 表示矩阵的转置,而内积可以写成求和的形式:

$$\begin{aligned}&\langle \delta\boldsymbol{x}_0, [\nabla\varphi(\boldsymbol{x})]^* \nabla\varphi(\boldsymbol{x})\delta\boldsymbol{x}_0 \rangle\\&= \sum_i \sum_j \sum_k (\delta\boldsymbol{x}_0)_i ([\nabla\varphi(\boldsymbol{x})]^*)_{ik} (\nabla\varphi(\boldsymbol{x}))_{kj} (\delta\boldsymbol{x}_0)_j\end{aligned} \tag{6.14}$$

定义 Cauchy-Green 变形张量:

$$\Delta = [\nabla\varphi_{t_0}^{t_0+T}(\boldsymbol{x})]^* \cdot \nabla\varphi_{t_0}^{t_0+T}(\boldsymbol{x}) \tag{6.15}$$

其最大特征值为 $\lambda_{\max}(\Delta)$,则有

$$\max \frac{\| \delta\boldsymbol{x} \|}{\| \delta\boldsymbol{x}_0 \|} = \sqrt{\lambda_{\max}(\Delta)} = \mathrm{e}^{\sigma_{t_0}^{\mathrm{T}}|T|} \tag{6.16}$$

其中,

$$\boldsymbol{\sigma}_{t_0}^{\mathrm{T}} = \frac{1}{|T|}\ln[\lambda_{\max}(\Delta)] \tag{6.17}$$

由此可见,最大的轨迹拉伸率发生在摄动量 $\delta\boldsymbol{x}$ 方向与 Cauchy-Green 变形张量最大特征值 $\lambda_{\max}(\Delta)$ 对应的特征方向一致的条件下。Shadden 等[11] 和 Haller[12] 的研究将 FTLE 场中的局部最大值连成的脊线(ridge)定义为涡结构的边界,这种方法得到的涡结构称为 LCS。这里积分的时间 T 可正可负。当 T 为正值时,为前向积分,得到的是"排斥"LCS;当 T 为负值时,为后向积分,表征的是流场中的"吸引"LCS。在动态时变系统中,"排斥"LSC 和"吸引"LCS 分别表示的是稳定流型和不稳定流型。后来,Lekien 等[13] 将这种方法推广到了三维流场中。

6.2.2　LCS 对比分析

本节采用的是后向积分的方式对高超声速湍流边界层的 LCS 进行提取,积分尺度为 50,网格离散为 801×801。图 6.19 和图 6.20 分别给出了无控状态和热壁面吹气控制下不同法向高度上的 LCS。在图 6.19 展示的边界层缓冲层($y^+ =$ 12, 对应法向高度为 0.525 mm)流场结构中,可以观察到明显的类条带结构,并且其流向尺度与展向间距均与之前展示的高低速条带具有一定程度的相似性;

同时,这些涡结构在展向方向上也存在相互蜿蜒交错的现象,表明在拉格朗日框架下,近壁区依然是交替分布的高低速条带为其特征结构。对比来看,对流场施加热壁面吹气控制以后,拉格朗日拟序结构的展向尺度变化不大,但其流向尺度大幅度减小,流场中充斥着非常多的、破碎的小尺度涡结构,这一变化特性与图 6.17 中的结果一致。

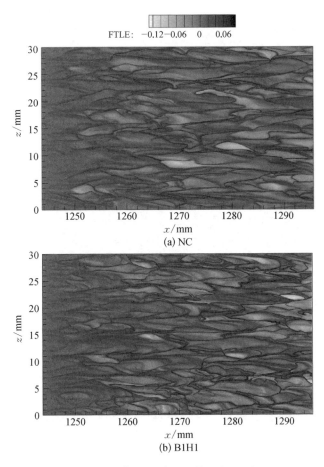

图 6.19　法向高度为 $y^+ = 12$ 的展向平面 LCS

当法向高度到达 $y^+ = 45$(对应法向高度为 $y \approx 1.366$ mm)时,这种对比则更为明显。在无控流场中,对数律区存在流向尺度很长的流动结构,且其展向间距明显增加;而施加了热壁面吹气控制以后,流场中充斥着结构尺度更小的 LCS,并且内部结构更为复杂多变,相邻结构之间的界限变得模糊;LCS 的变化也说明了施加控制引起的湍流增强效应。同时,仔细对比 $y^+ = 12$ 与 $y^+ = 45$ 的流场,可

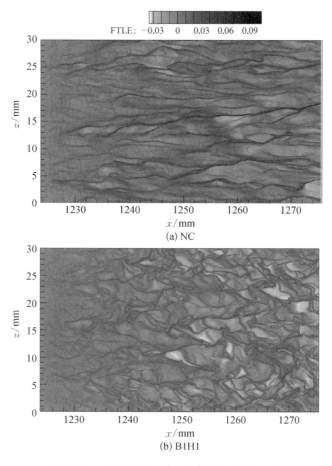

图 6.20　法向高度为 $y^+ = 45$ 的展向平面 LCS

以发现流场中存在类似的特征结构,这进一步证实了对数律区的大尺度结构对近壁区的湍流结构施加了印记作用。

图 6.21 给出的是流向-法向平面上的 LCS 对比图,同样采用后向积分方式,积分尺度为 50,为了充分解析边界层内的流动结构,在 LCS 计算中,对壁面处的网格进行充分加密。可以看出,利用 FTLE 显示的 LCS 呈现为有一定倾角的弯曲条带状结构,这是湍流边界层典型拟序结构在拉格朗日框架下的表现。这说明,无控状态下,边界层中近壁区存在明显的流向涡结构、在边界层对数律区则存在马蹄涡等典型流动结构,且涡结构相对较少但结构尺度很长,马蹄涡的一端一直延伸到近壁区,涡头部分则分布在对数律区。而在热壁面吹气控制下,流场中也有丰富的马蹄涡与流向涡等结构,但其结构尺度有所减小,符合前文欧拉体

系中观察到的湍流增强效应;近壁区的流向涡结构也明显缩短,与前面两点相关性的结果是一致的。同时,在远离壁面的地方依然能够观察到众多的小尺度流动结构,这也印证了受控状态下边界层变厚这一事实。

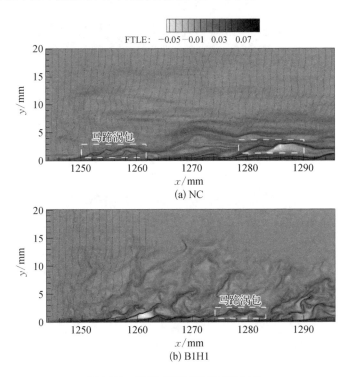

图 6.21　流向-法向平面 LCS 对比

此外,在拉格朗日框架下,由于前后流动具有时间关联性,可以利用泰勒冻结假设将后一流场结构看成是前一流场结构经过时间演化得到的。观察图 6.21(a)可以发现,前一个马蹄涡的涡头与后一个马蹄涡的涡腿彼此相连,马蹄涡之间通过自组织机制形成了具有超大尺度的马蹄涡包结构(horseshoe vortex packet)。而在图 6.21(b)中,这种马蹄涡包的空间结构尺度有所减小,表明在热壁面吹气控制下,马蹄涡包的自组织行为得到了一定程度的抑制,湍流边界层拟序结构的空间尺度减小。

图 6.22 展示流向某一站位上的 LCS 对比图。同样,热壁面吹气控制下流场中的涡结构尺度减小,并且边界层变厚。进一步观察发现,这些 LCS 在展向上左右摆动,在空间位置上存在高度不确定性,相邻涡结构之间存在明显的相互卷积、排斥现象,这与之前展示的欧拉坐标体系下的流场结构特征相一致。

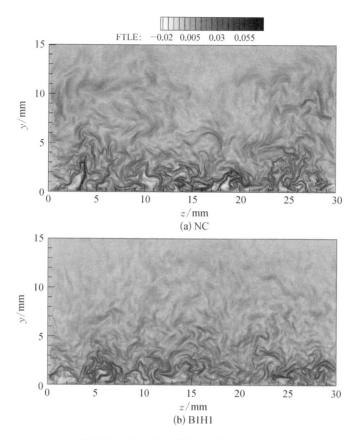

图 **6.22** 流向某一站位上的 LCS 对比

6.3 本章小结

本章将提出的速度–温度耦合湍流边界层减阻控制方法进一步拓展到了 $Ma6$ 高超声速流场中, 在对数据进行充分的验证以后, 开展了三组不同流动控制方式下的高超声速湍流边界层减阻对比分析。研究结果表明, 在高超声速流场中, 速度–温度耦合控制的减阻率下降到了 10.58%, 尽管依然几乎是单纯壁面吹气控制 (5.27%) 与壁面加热控制 (6.35%) 的减阻率之和, 但控制效率大幅度降低。减阻率降低是由于流场的可压缩效应更强, 而控制效率下降的原因在于高超声速情况下壁面吹气温度达到 $1.01T_w$ 所需要的能耗更高。因此, 在使用速度–温度耦合减阻控制方法时, 应当充分考虑加热壁面吹气温度所需要的能耗。为阐明减阻作用机制,采用修正的 FIK 恒等式对壁面摩阻系数进行了分解,发现平均对流项的急剧减小是摩阻系数降低的主要原因,这与平均黏性剪应力的减小直接相关,而湍流增强效应带来的高雷诺切应力不起决定作用。进一步研究了雷诺切应力的各向异性不变量,发现施加的流动控制方式仅对近壁区的雷诺切应力产生影响,相应的湍流活动更加趋于各向同性状态,而湍流强度的增强可归因于相干结构涡强度的增强。

基于 DNS 得到的高分辨率三维速度场信息,采用基于有限时间李雅普诺夫指数方法提取并对比了受控前后湍流边界层的 LCS。结果表明,随体坐标系下的流动结构与欧拉框架下的高低速条带具有一定的相似性。施加控制前,湍流边界层存在丰富的马蹄涡包等典型流动结构,而受到控制后,流场中马蹄涡包等典型流动结构的自组织行为受到抑制,涡结构破碎为尺度更小的流动结构,且相邻涡结构之间的界限变得模糊,符合欧拉框架下湍流增强这一效应。

参考文献

[1] Tanimizu K, Mee D J, Stalker R J. Comparison of drag reduction measurements of two axisymmetric scramjet models at Mach 6[C]//16th Australasian Fluid Mechanics Conference, Gold Coast, 2007.

[2] Bogey C, Bailly C. A family of low dispersive and low dissipative explicit schemes for flow and noise computations[J]. Journal of Computational Physics, 2004, 194(1): 194 – 214.

[3] White F M. Viscous Fluid Flow[M]. New York: McGraw-Hill, 1974.

[4] Duan L, Beekman I, Martin M P. Direct numerical simulation of hypersonic turbulent boundary layers. Part 2. Effect of wall temperature[J]. Journal of Fluid Mechanics, 2010, 655: 419 – 445.

[5] 陈哲. 可压缩壁湍流减阻控制的数值研究[D]. 北京: 中国科学院大学, 2016.

[6] Lumley J L, Newman G R. The return to isotropy of homogeneous turbulence[J]. Journal of Fluid Mechanics, 1977, 82: 161 – 178.

[7] Lumley J L. Computational modeling of turbulent flows[J]. Advances in Applied Mechanics, 1978, 18: 123 – 176.

[8] Pope S. B. Turbulent Flow[M]. Cambridge: Cambridge University Press, 2010.

[9] Banerjee S, Krahl R, Durst F, et al. Presentation of anisotropy properties of turbulence, invariants versus eigenvalue approaches[J]. Journal of Turbulence, 2007, 8(32): 1 – 27.

[10] Kametani Y, Fukagata K. Direct numerical simulation of spatially developing turbulent boundary layers with uniform blowing or suction[J]. Journal of Fluid Mechanics, 2011, 681: 154 – 172.

[11] Shadden S C, Lekien F, Marsden J E. Definition and properties of Lagrangian coherent structures from finite-time Lyapunov exponents in two-dimensional aperiodic flows[J]. Physica D: Nonlinear Phenomena, 2005, 212: 271 – 304.

[12] Haller G. Lagrangian coherent structures from approximate velocity data[J]. Physics of Fluids, 2002, 14: 1851 - 1861.

[13] Lekien F, Shadden S C, Marsden J E. Lagrangian coherent structures in n-dimensional systems[J]. Journal of Mathematical Physics, 2007, 48(6): 065404.

第7章

高超声速平板边界层转捩控制研究

延迟边界层转捩的发生,增大层流区域,同样可以减小飞行器表面的摩阻。转捩与湍流为世纪难题,而高超声速边界层转捩延迟控制,更是难题中的难题,一直吸引着研究人员的密切关注。常见的转捩延迟的主动流动控制方式包括边界层抽吸、重气体喷注等方式,大流量的边界层抽吸已经广泛应用于超声速飞行器的进气道设计中,但用于高超声速边界层的转捩延迟控制还存在困难,重气体喷注则需要大量的 CO_2 气体才能有很好的转捩抑制效果。局部壁面吹吸具有流量小、易于工程实现等优点,近几年来受到研究人员关注。例如,Wang[1] 结合 DNS 和 LST 研究了周期性吹吸扰动对高超声速边界层感受性的影响,Hader 和 Fasel[2] 则利用稳态的吹吸条带来进行 $Ma6$ 裙锥边界层非线性阶段的转捩延迟控制,均取得了良好的控制效果。

本章将结合高精度数值模拟、风洞实验和线性稳定性分析,首先开展基于自持合成射流的高超声速平板边界层转捩控制特性研究,通过摩阻与热流的剧烈变化指出延迟高超声速边界层转捩的重要性。随后开展基于稳态壁面吹吸气的高超声速平板边界层转捩延迟控制研究,系统分析控制位置及其组合方式对不稳定模态和壁面压力脉动的影响。同时,针对稳态壁面吹吸引起的高频扰动模态失稳问题,引入微槽道控制,发展稳态壁面吹吸气/微槽道主被动组合的高超声速边界层转捩宽频扰动抑制方法,阐明主被动组合控制下的控制机理与影响规律。

7.1 高超声速边界层转捩特性研究

7.1.1 实验与数值设置

本节首先开展了基于自持合成双射流的高超声速边界层转捩控制风洞实

验。实验模型如图 7.1 所示,模型整体采用碳钢加工,核心观测区域采用德国进口黑色 PEEK-1000 材料加工,该材料的发射率高、导热系数低,非常适合观察转捩过程中的温度变化。模型的流向长度 x 为 477 mm,展向宽度 z 为 300 mm,定义模型前缘中心点为坐标原点。核心观测区域的起点为 $x=120$ mm 位置处,展向宽度为 100 mm。在平板下方布置了自持合成双射流激励器[3],该激励器基于充分利用高速来流能量综合利用的思想,通过收集高速来流自身的能量,将其转化为射流的能量以对流场进行控制,具有高能量、零能耗、无管路供应的优势。激励器的设计与文献[3]相同,在观测区域中心线两侧布置了两条流向狭缝(缝长 20 mm、缝宽 2 mm、缝间距 5 mm)作为射流出口,其前缘在 $x=130$ mm 位置处。

图 7.1 转捩控制风洞实验模型

实验过程中,模型表面初始温度为室温(298 K),待风洞流场建立以后,通过攻角机构快速插入风洞的菱形观测区,利用红外热像仪实时记录模型表面的温度变化,采样频率为 100 Hz。模型表面温度的变化也反映了表面热流密度的变化。

数值计算的来流条件与风洞条件一致,来流马赫数为 6、静温为 54.87 K、单位雷诺数为 1.8×10^7 m^{-1}。壁面为无滑移条件,热边界条件为绝热壁,以求解壁面的温升情况与实验值进行对照。首先开展了二维层流边界层的直接数值模拟,获得了距离前缘 50 mm 位置处的二维层流剖面,对应的入口动量雷诺数为 1 470。对自持合成射流的边界条件进行简化处理,在平板壁面上给定法向动量,射流动量与来流动量之比为 0.55[4]。

在开展三维计算时,为减小计算量,本章只关注转捩过程,流向计算域只有 300 mm,法向高度和展向宽度分别为 80 mm 和 120 mm,三个方向的网格点数分别为 $N_x \times N_y \times N_z = 2\,772 \times 155 \times 768$。其中,在流向方向上对湍流区域进行加密,法向方向上对边界层进行指数型加密,加密方式为式(7.1),展向则采用等距网格。三个方向的网格分辨率分别为 $\Delta x^+ \times \Delta y^+ \times \Delta z^+ = 9.64 \times 1.25 \times 5.58$。整体网格量约为 3.33 亿。应当指出,该网格精度略低于 DNS 对于湍流计算的要求,但这里关注的是边界层转捩过程,其中主要是一些尺度较大的流动结构,该套网格已经足够精细以捕捉流场的特征结构。

$$y(k) = L_y \frac{e^{b\eta} - e^{-b\eta}}{e^b - e^{-b}}, \quad \eta = \frac{k-1}{N_y - 1}, \quad k = 1, 2, \cdots, N_y \qquad (7.1)$$

b 取 7.2。

数值模拟同样基于 OpenCFD 程序开展,采用 Steger-Warming 格式对流通矢量进行离散。其中,无黏项采用 WENO-SYMBO 格式,黏性项采用八阶中心差分格式,时间项采用三阶 Runge-Kutta 方法进行推进。时间步长设为 $0.02\delta/u_\infty$,在经过 2 000 个无量纲时间后(壁面摩阻达到稳定),开始对数据进行采样,采样的时间间隔为 $1.2\,\delta/u_\infty$,共采集了 2 000 个样本。

7.1.2 转捩控制结果

图 7.2(a)展示了自持合成射流控制后的平板表面温度分布。可以看出,在射流的控制作用下,边界层很快转捩,模型表面的温度快速上升,并在 250 mm 左右位置温升达到峰值(图中所画采样线上),随后壁面温度稍微降低。在射流孔前缘区域,温升区域为马蹄状结构,该结构对应于射流逆压梯度形成的马蹄涡结构,如图 7.2(b)所示,马蹄涡结构快速失稳,与射流尾迹一起,诱导了转捩的快速发生。在射流的尾迹区域,形成了两条高热流与高摩阻条带,该条带的形成来源于尾迹涡结构的"下洗"作用(图 7.2(c)),在这对平均流向涡的冲击作用下,壁面摩阻与热流大幅度提升。

图 7.3 给出了计算和实验中壁面摩阻系数与温升在流动方向上的变化。需要说明的是,计算中摩阻系数做了展向平均处理,温升曲线提取的是第二层网格上的数值。可以看出,随着转捩的发生,壁面摩阻系数在整体上呈现急剧上升的趋势,但在 150 mm 位置出现一小段下降的趋势,这是因为近壁流动在越过马蹄涡结构后形成了一个局部的分离区,内部的低速流动导致了局部摩阻系数降低。壁面温度也随着转捩的发生急剧上升,并且在转捩的初期,实验值与计算值能够较好地吻合,在转捩后期,数值模拟的温升值要低于实验值,这是因为本节实验是在常规高超声速风洞中开展的,来流的湍流度要远高于模拟值。而到了 320 mm 位置以后,模拟值又超过了实验值,这可能是计算中流动的非平衡效应

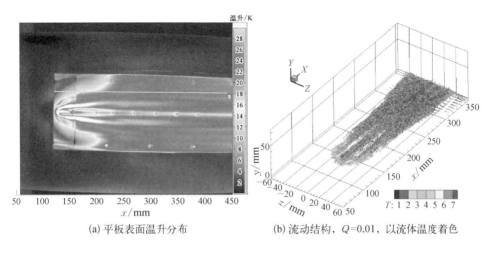

(a) 平板表面温升分布　　　　　　(b) 流动结构，Q=0.01，以流体温度着色

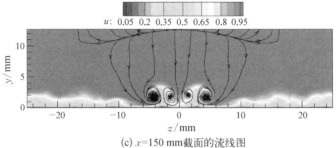

(c) x=150 mm 截面的流线图

图 7.2　自持合成射流诱导转捩的红外热图实验结果与 DNS 计算流场结构

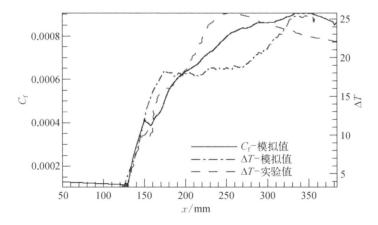

图 7.3　壁面摩阻系数与温升曲线

导致的，在经过非平衡效应以后，流动将逐渐恢复到平衡态，壁面摩阻与温升也将恢复到与实验值一个水平。

图 7.4(a)给出了转捩过程中的瞬时流场结构云图与数值纹影结果(以 N_s 值表征)。在平板上游,流动保持良好的层流状态,边界层厚度逐渐增加,在射流孔上方,由于壁面喷流口为双出口,流场中产生了两对反向旋转的射流剪切涡对,射流剪切涡对在流动方向上逐渐失稳、破碎,涡结构尺度逐渐减小。同时,喷流造成的逆压梯度诱导了分离激波的形成,分离激波打在喷流形成的弓形激波(激波角度 18.96°)上,一起构成了 λ 波系结构。图 7.4(b)给出了相应的纹影实验结果,图中弓形激波的角度为 19.58°,与计算值十分接近。同时,仔细观察图 7.4(a)的数值纹影结果,可以看到转捩过程中会形成众多小激波结构,这在纹影实验中并未能清晰地捕捉到。

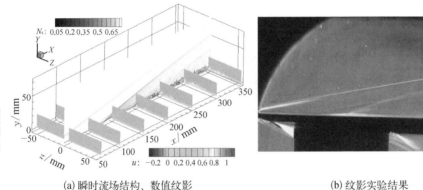

(a) 瞬时流场结构、数值纹影　　　　　　　　(b) 纹影实验结果

图 7.4　仿真与实验中的射流诱导转捩过程流场结构

上述数值仿真与风洞实验结果表明,高超声速边界层从层流到湍流的转捩,不仅使得壁面摩阻系数提升 3~5 倍,壁面热流也同步大幅度提升,因此亟须开展高超声速边界层转捩延迟控制研究。边界层转捩延迟,不仅有利于扩大层流区域、降低摩阻,还能达到降低壁面热流的目的。因此,下文将开展基于主动流动控制的高超声速边界层转捩延迟控制研究。

7.2　基于稳态壁面吹吸的高超声速边界层转捩控制研究

7.2.1　高超声速平板边界层线性稳定性分析

1. 算例设置与数值验证

本节及下文的来流依然是 FD-07 常规高超声速风洞的参数,但给定的单位雷

诺数为 $Re_\infty = 1.0 \times 10^7\,\text{m}^{-1}$。计算中,壁面采用绝热条件。图 7.5 给出了 $Ma6$ 平板边界层流动稳定性及其控制示意图。计算模型为长度为 200 mm 的尖平板,在距离平板 10 mm 位置添加非定常吹吸扰动,扰动区间为 $x = [10\,\text{mm}, 15\,\text{mm}]$,扰动形式为

$$q_{\text{w}}(x,\,t) = \varepsilon \sin\left(2\pi \frac{x - x_1}{x_2 - x_1}\right) \sin(2\pi ft), \quad x_1 \leqslant x \leqslant x_2 \tag{7.2}$$

其中,$q_{\text{w}} = \rho_{\text{w}}^* v_{\text{w}}^* / (\rho_\infty^* u_\infty^*)$ 为壁面法向方向的无量纲质量流率;ε 取值为 0.000 1;f 的取值为 142.54 kHz。在获取边界层的转捩特性后,在壁面不同位置施加控制,具体细节在后续内容进行说明。流向坐标 x^*(图 7.5)可以转化为当地雷诺数 $Re_x = Re_\infty^* x^*$。稳定性分析中采用基于当地边界层厚度 L^* 的雷诺数 R,其表达式分别为

$$L^* = \sqrt{\frac{\mu_\infty^* x^*}{\rho_\infty^* u_\infty^*}}, \quad R = \frac{\rho_\infty^* u_\infty^* L^*}{\mu_\infty^*} \tag{7.3}$$

因此,雷诺数 R 与当地雷诺数 Re_x 之间的关系为 $R = \sqrt{Re_x}$。吹吸扰动的圆频率与频率之间的关系为 $\omega^* = 2\pi f^*$,对圆频率和频率分别进行无量纲化:

$$\omega = \frac{\omega^* L^*}{u_\infty^*} \tag{7.4}$$

$$F = \frac{2\pi f^* \mu_\infty^*}{\rho_\infty^* u_\infty^{*2}} = \frac{\omega^* \mu_\infty^*}{\rho_\infty^* u_\infty^{*2}} \tag{7.5}$$

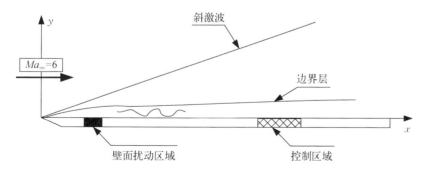

图 7.5　*Ma6* 平板边界层流动稳定性及其控制示意图

本章数值计算采用的是中国科学院力学研究所李新亮研究员开发的 OpenCFD-EC 数值模拟程序[5]。该程序基于有限体积方法对方程进行离散,采

用 ASUM 格式对矢通量进行分裂,无黏项采用五阶 WENO 格式求解,黏性项采用六阶中心差分格式进行离散。时间项则先采用隐式时间步长求解不加扰动的层流边界层,计算 8 个通流直至边界层厚度充分稳定以后,再引入壁面周期性吹吸扰动,采用隐式双时间步长法模拟直到流场进入周期性状态,最后采用三阶 Runge-Kutta 法进行 3 个通流的推进求解,获得足够时间精度的边界层稳定解。

为了验证本章所用有限体积程序的准确性,本节对计算结果进行验证。

首先,进行网格无关性验证。本章针对平板边界层流动开展了三组不同网格疏密程度下的算例计算,网格量分别为 2 001×301、2 501×401 和 3 001×451。其中,由于在平板前缘处流动存在强烈的非平行性,对前缘处的流向网格进行加密,同时,为了充分解析边界层内的流动特征,对壁面法向网格进行加密,边界层内分布有 250 个左右的网格点,其中第一层法向网格尺度为 0.001 mm。图 7.6 给出了 $x=20$ mm 位置法向方向的压力分布曲线。图示显示,三组不同网格下,流场中的压力分布均能够很好地吻合,表明当前算例下,三组网格数量均是合适的。因此,本节采用第二套网格开展计算。

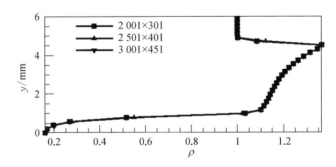

图 7.6 不同网格密度下的边界层压力分布曲线

其次,对边界层剖面信息进行验证。图 7.7 给出了出口位置的边界层剖面特性,图中符号表示的是可压缩边界层相似性解。可以看出,密度剖面、流向速度剖面和温度剖面均能与相似性解很好地吻合,表明采用该程序求解高超声速层流边界层是可行且可信的。

2. 线性稳定性分析结果

图 7.8 给出了 142.54 kHz 扰动下边界层出口处模态 S 和模态 F 相速度与无量纲频率的变化关系。图中三条虚线分别表示快声波的相速度($C_p=1+1/Ma$)、熵波和涡波的相速度($C_p=1$)及慢声波的相速度($C_p=1-1/Ma$)。可以看出,模态 F 来源于快声波,随着频率的增加,模态 F 的相速度逐渐减小,在圆频率 $\omega_r=$

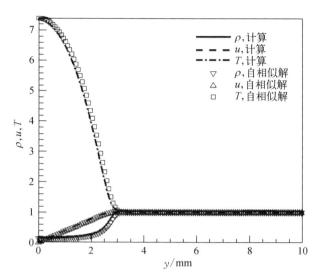

图 7.7　出口位置处边界层剖面特性与相似性解

ρ、u、T 分别表示密度、速度、温度

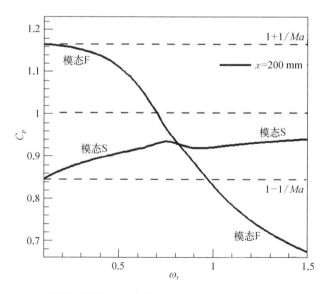

图 7.8　出口位置及上游模态 S 和模态 F 相速度与无量纲圆频率的变化关系

0.7 附近穿过声速线并进一步降低；另外，模态 S 起源于慢声波，其相速度随着频率的增加而逐渐增加，并在 $\omega_r = 0.81$ 时与模态 F 的相速度相同（对应的 $C_p = 0.929\,2$），此时，快慢模态发生共振（也称为同步点（synchronization point））。随后，

模态 F 的相速度进一步减小,模态 S 的相速度则经历短暂的减小后缓慢地增加。需要指出的是,该位置仅是频率为 142.54 kHz 扰动下的同步点。尽管图 7.8 显示同步点的圆频率为常数,与位置没有关系,然而对于不同频率的扰动,有量纲的同步点位置也不同。事实上,同步点的位置随着扰动频率的增加会向上游移动[6]。

对于给定的无量纲频率扰动,对应的同步点位置可以根据式(7.6)求得:

$$x_s^* = \frac{(\omega_{rs}/F)^2}{Re_\infty^*} \tag{7.6}$$

因此,142.54 kHz 扰动的同步点位于 $x = 134.4$ mm 处。

图 7.9 给出了同步点位置模态 S 增长率与无量纲圆频率的变化关系。这里没有给出模态 F,因为其增长率始终为正,均为稳定模态。可以看出,随着频率的增加,模态 S 增长率呈现先增大后减小再增大再减小的趋势,先后出现一低一高两个峰值,其中,第一个峰值为第一模态($-\alpha_i = 0.002\,669$,流向波数 $\alpha_r = 0.583$),对应的无量纲频率为 0.52(有量纲为 74.44 kHz),第二个峰值为第二模态($-\alpha_i = 0.023\,67$,流向波数 $\alpha_r = 1.109$),对应的无量纲频率为 1.026(有量纲为 145.62 kHz)。第二模态的增长率远高于第一模态的增长率。

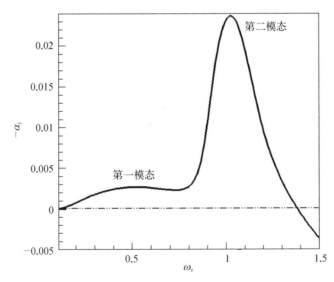

图 7.9　同步点位置模态 S 增长率($-\alpha_i$)与无量纲圆频率(ω_r)的变化关系

需要注意的是,图 7.9 给出的同步点位置增长率随频率的变化关系中,其展向波数均为 0。图 7.10 给出了不同展向波数下第一模态和第二模态增长率的变

化(流向波数分别为固定值 0.578 和 1.109)。可以看出,第二模态的增长率随展
向波数的增加而减小;第一模态增长率则随展向波数的增加呈现先增大后减小
的趋势,其最大增长率($-\alpha_i = 0.007\,087$)对应的展向波数为 0.69。这就表明在高
超声速边界层中,最不稳定模态为第二模态,并且对于第二模态,其最不稳定模
态扰动波为二维波形式,而对于第一模态,其最不稳定模态扰动波则为三维斜波
形式。对于三维斜波,可以通过定义相角 $\phi = \arctan(\beta/\alpha)$ 来标定其与流动方向
的夹角。因此,本算例下最不稳定第一模态的相角约为 50°。

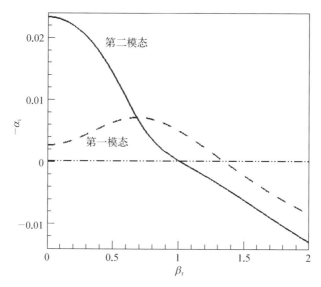

图 7.10　同步点位置最不稳定第一模态和第二模态增长率($-\alpha_i$)
随展向波数(β_r)的变化(分别固定流向波数)

在同步点处,由于相速度相同,对应的特征函数也呈现相似的形状。图 7.11
给出了同步点位置处模态 S 和模态 F 的流向速度与压力特征函数分布,图中采
用法向方向的最大脉动速度作为归一化参考。图示显示脉动量都受限于边界层
中,在边界层外则快速归于零。在整个边界层内,除了在边界层边缘附近存在一
些差异,模态 S 和模态 F 的特征函数均能很好地吻合。

图 7.12 给出了同步点位置第一模态和第二模态特征函数的模。在第二模
态特征函数中,温度扰动的幅值最高,并在壁面处(相对声速线下)和边界层外
缘处(临界层位置 $U=c$)存在两个峰值;压力扰动的最大峰值位于壁面处,随着
壁面距离的增加而逐渐减小,但在边界层外缘处存在一个局部峰值;流向速度扰
动和法向速度扰动的最大值则贴近于壁面处。而在第一模态特征函数中,压力

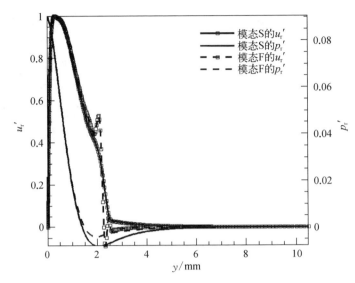

图 7.11 同步点位置模态 S 和模态 F 流向速度(u_r')与压力(p_r')的特征函数

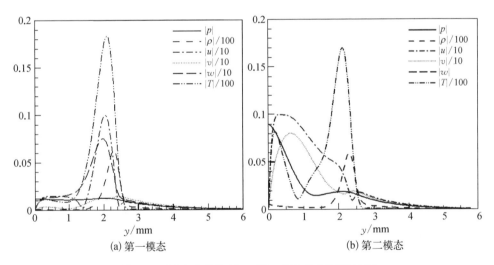

(a) 第一模态　　　　　　　　(b) 第二模态

图 7.12 同步点位置第一、第二模态特征函数的模

扰动的幅值则相对较小,在边界层其值变化不大,在边界层外逐渐减小;温度扰动同样存在两个峰值,但靠近壁面处的峰值很小,并不明显;流向速度扰动和法向速度扰动则呈现较大差异,前者在边界层内层形成一个平台区,在外缘处则出现峰值,而法向速度扰动则随着壁面距离的增加呈现先增大后减小的趋势,其峰值位于边界层外缘,并且峰值扰动很小;对于第一模态,由于其为三维斜波形式,对应的展向速度分量不为零,其峰值同样位于边界层外缘处。

3. 流场结构分析

图 7.13 展示了流场的压力云图、脉动压力云图及其局部放大图。在尖平板的前缘,形成一道马赫波,波角为 $9.62°$,与理论值十分接近。由于法向计算域足够高,该马赫波打在出口而非上边界,避免了激波反射对边界层产生影响以及上边界条件的非物理现象。

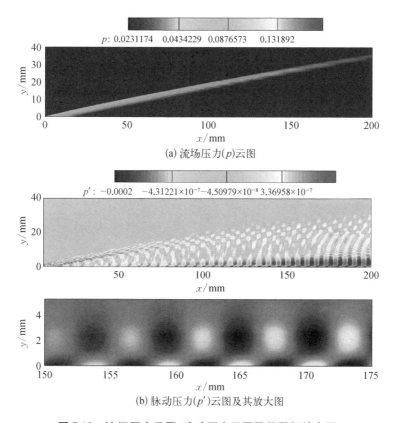

(a) 流场压力(p)云图

(b) 脉动压力(p')云图及其放大图

图 7.13　流场压力云图、脉动压力云图及其局部放大图

在脉动压力云图中,可以清晰地看到流场中的压力脉动结构。在流场上游,吹吸扰动主要激发声波扰动,并且这些扰动都受限在马赫波下方、边界层上方的激波层内。随着向下游的发展,声波场逐渐分解为两个分支:一支随着马赫波发展,呈现交替分布的单元结构,该结构为快、慢声波相互作用的结果;另一支则进入边界层中,激发边界层内的不稳定波(包括第一模态和第二模态不稳定波)。随着流向距离的增加,边界层内的不稳定波逐渐发展成为交替分布的上下双核结构,呈现典型的第二模态特征,称为双胞格结构(two-cell structures),并且该结构的幅值和特征结构越来越明显,表明第二模态扰动的幅值逐渐增加。

为了更直观地显示双胞格结构,截取了流向位置为 $x = [150 \text{ mm}, 175 \text{ mm}]$ 的区间,双胞格结构在法向方向呈现上下正负相对的双层形式。其中,下层贴近壁面,高度不超过 0.7 mm;上层的结构尺度则较大,一直延伸到边界层外缘,同时在流向方向上也呈正负交替分布,对应的波长约为当地边界层厚度的两倍。

图 7.14 给出了相应区间的密度脉动和温度脉动局部放大图。图中清晰地展示出,密度脉动在边界层外缘附近呈现典型的交替分布的绳索状结构,正负交替位置与压力脉动相对应,并且该绳状波的波长约为当地边界层厚度的两倍,波的倾角约为 6.57°,这一结果与易仕和等[7]和 Liu 等[8]的风洞实验结果相近。温度脉动同样呈现交替分布的绳索状结构,但其正负性刚好与对应位置的密度相反,并且单个结构的流向长度更长。同时,仔细观察可以发现,相对于密度脉动,温度脉动绳状波结构具有一定的滞后性,平均滞后位置大约为 1/4 个波长。

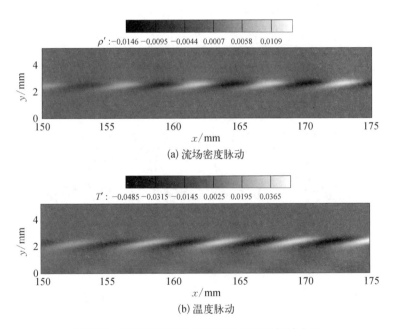

图 7.14　流场密度脉动与温度脉动的局部放大图

图 7.15 则给出了壁面脉动压力在流向方向的发展演化。在 $x = 70 \text{ mm}$ 之前,壁面脉动压力较为紊乱,没有明显的规律性与周期性,这是因为在吹吸扰动的作用下,该区域内不仅存在快、慢声波,还存在涡波扰动、熵波扰动等,这些扰动对壁面脉动压力存在明显的幅值调制作用[9]。在 $x = 70 \text{ mm}$ 之后,脉动压力呈

现明显的周期性,随着向下游的发展,模态 F 越来越稳定,模态 S 逐渐成为主导的不稳定模态,不稳定波变得越来越不稳定,壁面压力脉动的幅值也逐渐上升,并在出口位置达到最大值。

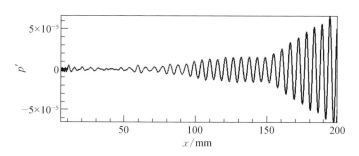

图 7.15　平板边界层壁面脉动压力在流向方向的发展演化

7.2.2　基于稳态壁面吹吸的高超声速边界层转捩控制研究

众多的转捩延迟控制研究表明,同步点对于转捩延迟效果至为关键,同一种控制方式施加在不同位置可能会有完全相反的控制效果。7.2.1 节获得了 $Ma6$ 高超声速平板边界层在前缘吹吸扰动诱导下的扰动传播特性。在固定频率为 142.54 kHz 的吹吸扰动下,边界层中该频率的模态 F 与模态 S 的同步点位于 $x = 134.4$ mm 处。本节将采用稳态壁面吹吸的控制方式,分别在同步点上游和下游施加控制,对边界层开展转捩延迟控制,厘清不稳定模态控制规律。

1. 算例设置

在 7.2.1 节基本流的基础上,引入壁面稳态吹吸控制。在控制区域中,施加在壁面上的质量流率扰动为

$$(\rho^* v^*)' = q_0^* \varepsilon_2 \beta(l) \tag{7.7}$$

其中, q_0^* 是自由来流密度与速度的乘积(为常数); ε_2 是控制的幅值。函数 $\beta(l)$ 可以看成稳态吹吸控制在流向方向上的分布函数,其定义为

$$\beta(l) = \begin{cases} 20.25l^5 - 35.437\,5l^4 + 15.187\,5l^2, & l \leqslant 1 \\ -20.25(2-l)^5 + 35.437\,5(2-l)^4 - 15.187\,5(2-l)^2, & l > 1 \end{cases} \tag{7.8}$$

式中, l 是无量纲坐标, $l = 2(x^* - x_i^*)/(x_e^* - x_i^*)$, x_i 和 x_e 分别是控制区域的起始点和终点坐标。5 阶 $\beta(l)$ 函数呈反对称分布(图 7.16),因此任意时刻稳态吹

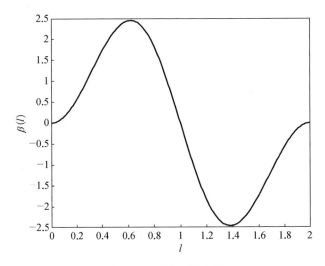

图 7.16 $\beta(l)$ 函数曲线

吸控制引入的净质量流量始终为 0。

本节设计了 5 组对比控制算例(表 7.1),分别研究了控制位置与吹吸类型。NC 表示无控情况;UBT 表示在同步点上游施加吹类型(upstream blowing type)的控制;UST 表示在同步点上游施加吸类型(upstream suction type)的控制;DBT 表示在同步点下游施加吹类型(downstream blowing type)的控制;DST 表示在同步点下游施加吸类型(downstream suction type)的控制。控制区间长度均为 10 mm,幅值为 0.001。

表 7.1 稳态壁面吹吸控制算例设置

算 例	x_i	x_e	ε_2
NC	—	—	—
UBT	110	120	0.001
UST	110	120	−0.001
DBT	150	160	0.001
DST	150	160	−0.001

图 7.17 给出了某一时刻控制区域附近的流线图(仅以同步点上游控制算例为例)。从图中可以看出,对于稳态吹类型控制情况,流线在控制区域向上偏

折,呈现鼓包状结构,边界层厚度增加,在流动结构上表现出局部吹气的特征;而对于稳态吸类型控制情况,流线经过控制区域时向壁面偏折,近壁区流线呈凹陷状,随着流向距离的增加,边界层厚度呈现先减小后增大的趋势,在流动结构上表现出局部吸气的特征。

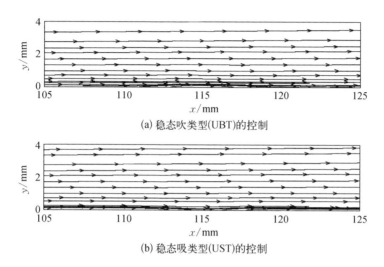

(a) 稳态吹类型(UBT)的控制

(b) 稳态吸类型(UST)的控制

图 7.17　稳态吹吸控制区域附近的流线

2. 线性稳定性分析结果

图 7.18 给出了不同控制方式对边界层厚度的影响。可以看出,整体上边界层厚度随流向距离的增加而逐渐增长,施加的流动控制方式仅在控制区域附近

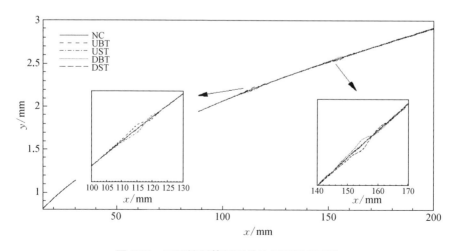

图 7.18　不同控制算例下的边界层厚度变化

产生有限的影响。对于 UBT 和 DBT,当地边界层厚度先增大后减小,再逐渐恢复;而在 UST 和 DST 控制下,当地边界层厚度则先减小后增大,再逐渐恢复到平衡状态。

图 7.19 给出了不同控制算例下六个典型流向站位的流向速度剖面对比。在同步点上游控制区域上游 10 mm 处($x = 100$ mm),速度剖面完全重合,表明此处流动没有受到下游施加控制的影响。在 $x = 115$ mm 处(位于上游控制区域的中间位置),UST 控制下速度剖面较无控状态下更为饱满,边界层稳定性提高,而 UBT 控制下则相反。在 $x = 130$ mm 处,速度剖面又几乎完全重合,表明施加的流动控制方式对速度剖面的作用范围有限,对上游和下游流动的影响都很小。在 $x = 155$ mm 处(位于下游控制区域的中间位置),DBT 控制下的速度剖面更为饱满,DST 控制则相反。同时,各个算例下的边界层厚度基本一致,表明施加的流动控制对边界层外的主流流动基本没有产生影响。

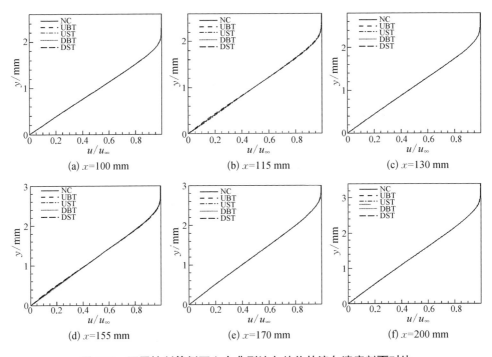

图 7.19　不同控制算例下六个典型流向站位的流向速度剖面对比

上述分析表明,在上游施加 UST、在下游施加 DBT 控制,有利于提高边界层的稳定性,而上游施加 UBT、下游施加 DST 将引起边界层失稳。下面将进一步采用线性稳定性理论进行分析。

　　图 7.20 给出了不同控制算例下出口位置不稳定模态的时间增长率随流向波数(α)和展向波数(β)的变化云图。可以看出,在无控状态下,最不稳定第二模态的时间增长率为 $\omega_{i,2nd} = 0.017\,15$,最不稳定第一模态三维斜波扰动的时间增长率为 $\omega_{i,1st} = 0.007\,046$;在同步点上游施加了 UBT 控制后,第二模态更加不稳定,时间增长率幅值增加 3.41%,同时第一模态也有所失稳,相应幅值增加 3.43%;而施加了 UST 控制以后,第二模态、第一模态时间增长率均有所降低,幅值分别减小 0.799% 和 7.5%,表明其对高频模态的作用有限,对低频第一模态的稳定作用更为明显;与之相反,在同步点下游施加 DST 控制以后,最不稳定第二模态和第一模态的时间增长率幅值分别降低 1.59% 和 7.99%,表明相对于上游控制,在下游施加控制对不稳定模态的抑制作用更为明显;而施加 DBT 控制后,不稳定模态的时间增长率则均有所增加。

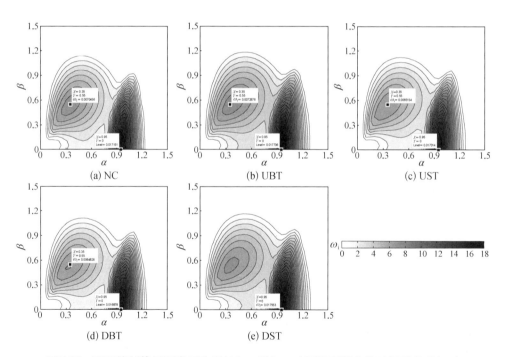

图 7.20　不同控制算例下出口位置处($x = 200$ mm)不稳定模态的时间增长率(ω_i)随流向波数(α)和展向波数(β)的变化云图

　　同时仔细观察云图可以发现,在上述失稳算例中,流向波数和展向波数的范围也有所扩大(特别是第二模态的流向波数和第一模态的展向波数)。表明在 UBT 和 DST 控制中,不仅增加了扰动模态的幅值,其失稳的波数范围也在扩大,而增稳算例中的波数范围则有所减小。

图 7.21 展示了空间模式下不同控制算例中出口位置不稳定模态空间增长率随无量纲圆频率的变化关系,同样显示在 UST 和 DBT 控制下,低频第一模态和最不稳定第二模态波无量纲圆频率附近的空间增长率得到一定程度的抑制,UBT 和 DST 的结果则与之相反,这与时间模式下的计算结果相一致。但是需要注意的是,对于更高圆频率($\omega_r > 0.95$)的扰动,施加的各种控制方式均对扰动波起失稳作用,这一点还有待进一步研究。

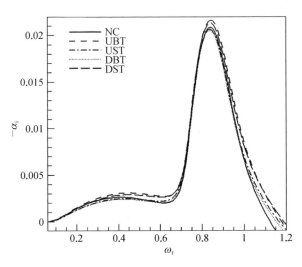

图 7.21 空间模式下不同控制算例中出口位置不稳定模态的空间增长率

图 7.22 对比了各算例中空间模式下不稳定模态空间增长率随展向波数的变化。从图 7.22(a)可以看出,在 UST 和 DBT 控制下,所有展向波数范围内的第一模态都得到抑制,其中 DBT 的抑制效果更好,并且抑制效果随展向波数的增加呈现先增加后减小的趋势,在展向波数为 0.55 左右到达最佳。而 UBT 和 DST 控制下,第一模态变得更加不稳定。图 7.22(b)中第二模态随展向波数的变化则较为复杂。在较低的展向波数范围内,UST 和 DBT 对第二模态有一定的抑制作用(抑制幅值小于对第一模态的抑制作用),但该抑制作用随展向波数的增加而逐渐减小,在展向波数达到 0.4 以后,对第二模态反而起到不稳定作用,这一现象在以往的研究中并未被发现[10]。而 UBT 和 DST 控制下的第二模态在所有的展向波数范围内均起失稳作用。

图 7.23 分别给出了 DBT 和 DST 控制下最不稳定第一模态(流向波数 α_r 为 0.56,展向波数 β_r 为 0.41)和第二模态(流向波数 α_r 为 0.841,展向波数 β_r 为 0)

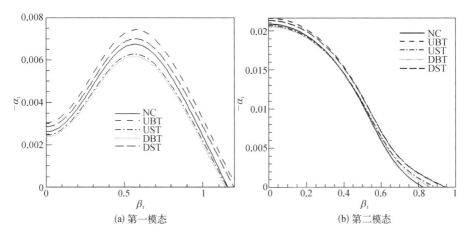

(a) 第一模态　　　　　　　　　　(b) 第二模态

图 7.22　不稳定模态空间增长率随展向波数的变化

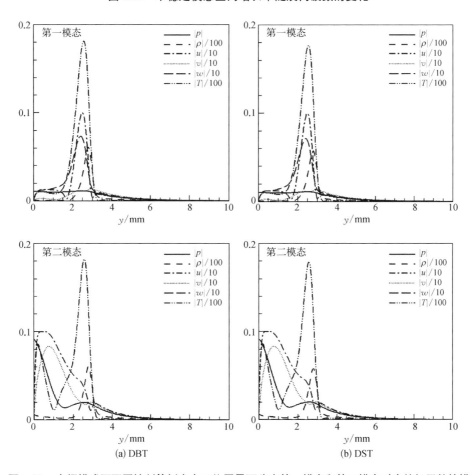

(a) DBT　　　　　　　　　　(b) DST

图 7.23　空间模式下不同控制算例中出口位置最不稳定第一模态和第二模态对应特征函数的模

对应特征函数的模。仔细观察可以发现,与 DST 相比,在 DBT 控制下,尽管不稳定模态的空间增长率有所降低,但密度和温度扰动特征函数的幅值反而更高,特别是三维形式(有展向波数)的第一模态,其峰值增加更为明显,第二模态对应的峰值则是略微增长。速度扰动和压力扰动的形函数幅值则未见明显变化。

上述结果表明,UST 和 DBT 对各个频率范围和各个展向波数范围内的第一模态均起稳定作用,对低频、低展向波数的第二模态起稳定作用,但对高频、高展向波数范围的第二模态反而起失稳作用,说明该控制方法对扰动频率和展向波数具有一定的选择性。UBT 和 DST 则对所有频率、所有展向波数范围内的第一模态和第二模态均起失稳作用。

需要指出的是,本节在尖平板前缘施加的吹吸扰动频率为 142.54 kHz,对应于高频的第二模态,该高频扰动在稳态吹吸控制下反而更加不稳定,因此需要采用额外的控制方法对高频模态进行控制,同时对边界层中的高、低频不稳定模态同时进行抑制,进而达到转捩延迟的目的。

3. 流场结构分析

图 7.24 给出了不同控制算例中流场脉动压力对比结果。图中给出的流向区间范围为 $x = [100\ \text{mm},\ 200\ \text{mm}]$。在无控算例下,第二模态的双胞格结构逐渐增长,起初增长幅值较小,在 $x = 150\ \text{mm}$ 之后,幅值增长速度快速增加,双胞格结构的流向尺度和法向高度均明显增加,结构也越来越不稳定,表明边界层正在逐渐失稳。UST 控制下,由于近壁区流动先凹陷后恢复,在控制区域上方及后方会形成一道微弱的膨胀波和一道微弱的压缩波,流场中的扰动经过膨胀波和压缩波以后,形成了新的扰动,该扰动通常呈现胞格结构,分布于膨胀波和压缩波所在区域;而在边界层中,双胞格结构的尺度得到一定程度的抑制。施加 UBT 控制时,控制区域附近的边界层中,双胞格结构受到抑制,但随着流向距离的增加(逐渐远离控制区域),双胞格结构尺度快速增长起来,并与无控状态下相当。在同步点下游施加 DBT 控制时,流场中同样出现了压缩波和膨胀波并留下了明显的印记,观察边界层内的双胞格结构,可以看到在控制区域附近,其结构尺度有所增长,一旦远离控制区域,结构尺度随着流向距离的增加反而逐渐减小,表明双胞格结构受到抑制,边界层流动稳定性提高。施加 DST 控制时,双胞格结构尺度从控制区域附近开始增长,并一直延伸到计算域出口,在出口处幅值达到最大,表明边界层流动正在逐渐失稳。

图 7.25 给出了相应的壁面脉动压力变化对比,控制区域采用虚线标出。在同步点上游施加控制时,对更上游的流场没有产生明显影响,在下游区域,UBT 控制对壁面压力脉动幅值有一定的放大作用,而 UST 控制则存在抑制作用。在

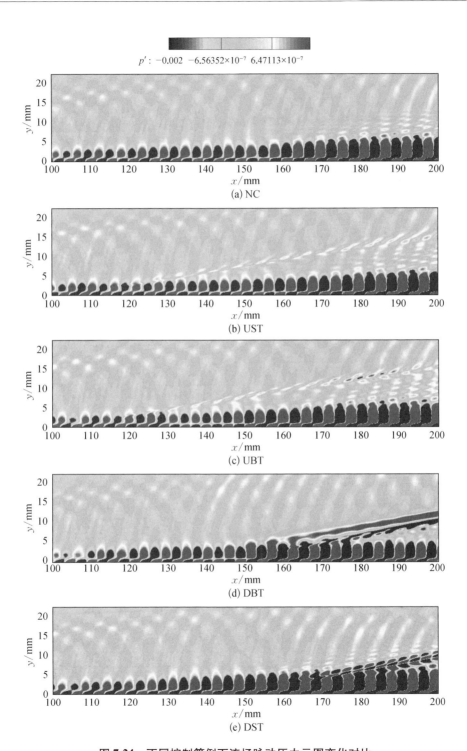

图 **7.24**　不同控制算例下流场脉动压力云图变化对比

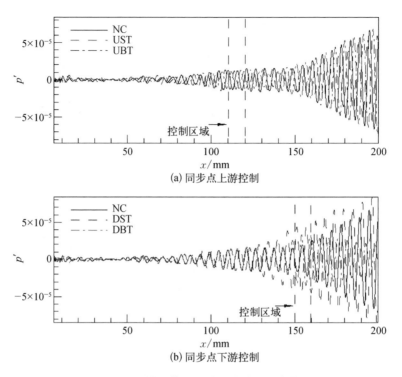

(a) 同步点上游控制

(b) 同步点下游控制

图 7.25 不同控制算例下壁面脉动压力变化对比

同步点下游施加控制时,DST 会引起控制区域上游壁面脉动压力的放大,该放大作用一直延伸到计算域的出口,加剧了流场的不稳定作用,使得流动快速失稳;DBT 则在控制区域中引起局部放大,但出了控制区域以后,壁面压力脉动快速减小,边界层稳定性得以提高。

为进一步看清压力脉动的性质,对法向分布的脉动压力进行时间相关傅里叶变换,变换形式为

$$\varphi'(x, y, t) = |\varphi'(x, y)| \exp[i\psi'(x) - \omega t] \tag{7.9}$$

其中,$\varphi'(x, y, t)$ 为瞬时扰动;ω 为扰动的圆频率;$|\varphi'(x, y)|$ 和 $\psi'(x)$ 分别为扰动的幅值和相位角。需要说明的是,数值计算过程中直接采样并求解出来的脉动压力是扰动波相互作用后的结果,而 LST 得到的通常是单种频率扰动波的形状,不能体现脉动波之间的相互作用。图 7.26 给出了不同控制算例下出口位置处法向方向压力脉动幅值的变化对比,图中以无控状态下的壁面压力脉动幅值进行了无量纲化。在各算例下,压力扰动均存在两个峰值,并且壁面处的峰值

压力最高,对应于第二模态不稳定波。施加控制以后,UBT 和 DST 中的压力脉动幅值增加,而 UST 和 DBT 中的压力脉动幅值降低,与图 7.25 中的结果相一致。

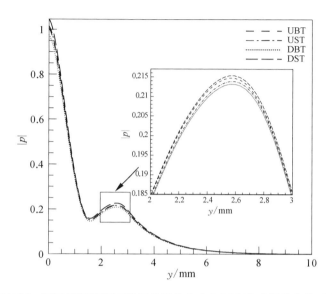

图 7.26　不同控制算例下出口位置法向方向压力脉动幅值变化对比

同时,对比 UST 控制和 DBT 控制不难发现,在同步点下游施加控制时,对壁面压力脉动的抑制效果更为明显,而在同步点上游施加控制,抑制作用则相对有限。另外,这也启发我们,是否可以在上游施加 UST、在下游施加 DBT 的组合控制,带来更好的转捩抑制效果。为此,设计了另外两组算例,分别开展上下游组合控制,即 UST+DBT 和 UBT+DST,控制幅值和控制区域与表 7.1 中参数相同。图 7.27 展示了上下游组合控制下的不稳定模态空间增长率对比。图中显示,在 UST+DBT 的组合控制方式下,无论是低频的第一模态还是中等频率的第二模态,其增长率均得到了极大的抑制,较高频率下($\omega_\mathrm{r}>1.1$),增长率反而增大;而在 UBT+DST 的组合控制下,则呈现相反的结果,流动更加不稳定。

本节的研究结果表明,为更好地抑制边界层中的不稳定模态,使用稳态吹吸控制方式时,可以使用上下游组合控制方式,即在同步点上游施加 UST 的控制,在同步点施加 DBT 的控制。同时,研究发现,使用稳态吹吸控制对低频第一模态和中等频率第二模态的抑制作用较为明显,但对高频第二模态却具有一定的放大作用。因此,需要考虑与其他控制方法相结合的转捩延迟方式,实现边界层内宽频扰动波的抑制。

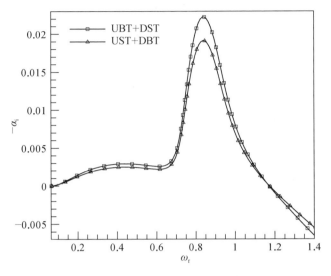

图 7.27　上下游组合控制下的不稳定模态增长率对比

7.3　基于稳态壁面吹吸/微槽道组合的高超声速边界层转捩控制研究

众多的研究结果表明,孔隙表面能够很好地实现对第二模态的抑制,被认为是最接近工程实用的转捩延迟技术。但是孔隙表面在抑制第二模态的同时,也会带来低频模态的失稳[11]。而 7.2 节研究发现,稳态壁面吹吸控制对低频第一模态以及较低频率的第二模态有较好的抑制作用。因此,本节拟采用基于稳态吹吸/微槽道主被动组合的控制,同时对高频模态和低频模态进行控制。

7.3.1　基于微槽道的边界层转捩延迟控制研究

1. 微槽道控制算例设置

本节首先针对基于表面微槽道的边界层转捩控制特性进行研究。计算域尺度、来流参数和前缘吹吸扰动设置与 7.2 节一致。但在 7.2 节中,稳态吹吸扰动对不稳定模态的抑制作用有限,这可能是由于前缘施加的吹吸扰动的幅值仅为0.0001,激发出的扰动较弱。因此,为了更好地显示转捩抑制效果,本节给定前缘周期性吹吸扰动的幅值为 0.001,频率依然是 142.54 kHz。对应的同步点位置还是位于 134.4 mm 处。

分别在同步点上游和下游布置微槽道表面(UP 和 DP),控制区域的流向长度范围是 10 mm,起止位置如表 7.2 所示。在控制区域内,每个槽的宽度 s 为 0.4 mm(应当说明,本节的微槽道尺寸较大),深度 d 为 2 mm,槽与槽之间以 0.4 mm 等间距分布,对应的开槽率 φ 为 0.52。在进行网格划分时,对每个槽使用了 51×81 的网格进行离散,以充分解析槽内的流动结构。对于主流,采用了 4 191×401 的网格进行离散,并在法向方向上对壁面处网格进行加密,第一层网格尺度为 0.001 mm,边界层内有 250 个左右的网格点。在上边界与下游出口处,通过网格拉伸设置了缓冲区,防止扰动影响边界层内的流动。在展向方向对网格进行了拉伸,整体网格量约为 500 万。

表 7.2　微槽道表面控制算例设置

算　例	x_i	x_e
NC	—	—
UP	110	120
DP	150	160

2. 对基本流的影响

首先给出微槽道控制对基本流的影响。图 7.28 给出了受控前后基本流场的流向速度云图与法向速度云图,为了简洁,仅给出上游微槽道的结果。可以看出,表面微槽道对主流的流向速度基本没有影响,仅在槽道内形成了局部回流区,该回流剪切作用使得靠近壁面的流线向槽道内偏折,局部边界层厚度降低,但出了控制区域,由于槽道的局部膨胀作用,边界层厚度有所增大。微槽道对法向速度则产生了比较大的影响,在微槽道的前后缘,由于局部膨胀和压缩作用,分别形成了微弱的膨胀波与压缩波结构,这些波系结构在流向上交替分布,并没有出现失稳现象。

图 7.29 给出了不同流向位置上的无量纲流向速度剖面定量对比,其中实线为无控状态、虚线为微槽道控制结果。在微槽道的上游和下游位置,速度剖面均能基本吻合,而在微槽道控制区域,由于局部的回流剪切作用,流线向槽道内偏折,流向速度有所减小。这说明,微槽道对于流场的影响是局部的,仅在微槽道的周围区域对基本流起着类似于"滚动轴承"的作用,一旦流过控制区域,流动

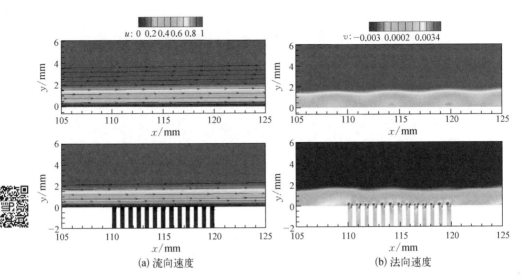

(a) 流向速度　　　　　　　　　　　　　　(b) 法向速度

图7.28　无控与微槽道控制下的流向速度与法向速度云图

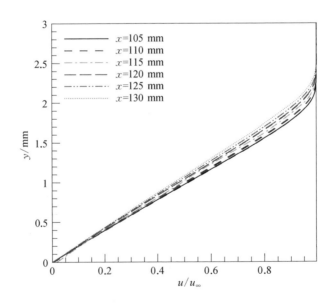

图7.29　不同流向位置上的流向速度剖面对比

将逐渐恢复到基本流状态。

3. 线性稳定性分析

对受控前后的流场开展线性稳定性分析。图7.30给出了微槽道控制下出口位置处边界层内不稳定模态空间增长率随无量纲圆频率的变化关系。图中显示,在无控状态下,边界层同时存在不稳定的第一模态和第二模态,且第二模态的增长率远高于第一模态。当在同步点的下游布置微槽道(DP)时,不稳定模态的增长率在不同频率范围呈现出不同的结果:当无量纲圆频率 ω_r 超过 0.95 时,不稳定模态得到抑制,并且频率越高,抑制程度也越高,对于有量纲频率为 142.54 kHz 的扰动,增长率降低了 16.4%;而当圆频率不超过 0.46 时,增长率被放大,表明低频模态存在失稳现象;圆频率为 0.46~0.95 时,增长率则随着频率的增加先衰减、后又逐渐恢复到甚至略高于无控水平。综上所述,本节较大尺寸微槽道(0.4 mm)对高频第二模态的抑制结果与郭启龙等[12]开展微槽道(0.1 mm)研究结果类似,也与 Fedorov 等[11, 13-15]、Brès 等[16]、Wang 和 Zhong[17]开展的微孔隙(微米量级)结果相一致,对较低频率的第一模态也会造成失稳问题,如第 1 章所述,微孔隙的控制也会带来低频模态的失稳[11],这也是限制微孔隙走向工程应用的缺点之一;但对中间频率范围扰动增长率的变化,未在前人的研究中有所发现,这可能是由于本节采用的是大尺度微槽道,槽道内较强的回流剪切作用可能带来了一定的失稳作用,具体机制还需要进一步深入研究和仔细分析。而在同步点上游布置微槽道(UP)时,则出现相反的结果,不稳定模态的空间增长率大幅度提升,流动更加不稳定。

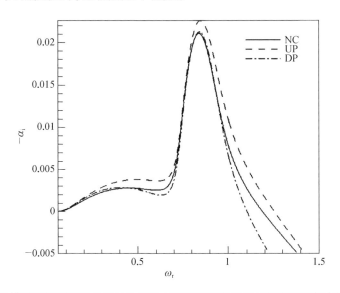

图 7.30　微槽道控制下出口位置处边界层内不稳定模态空间增长率随圆频率的变化对比

前面给出的是展向波数为零时的控制结果。图 7.31 展示了出口位置最不稳定模态(零展向波数)空间增长率随展向波数 β_r 的变化。可以看出,第二模态的增长率随展向波数的增大而逐渐减小,表明最不稳定的第二模态是零展向波数的二维波;而第一模态的增长率则随着展向波数的增大呈现先增大后减小的趋势,表明最不稳定的第一模态是三维波。在同步点上游布置微槽道控制后,第一模态和第二模态的空间增长率均有所增加,表明该控制对任意展向波数范围的不稳定模态均起不稳定作用;而在同步下游布置微槽道时,第二模态的增长率随着展向波数的增大先增加后又逐渐衰减,并且波数越大,抑制作用越明显。这就说明,微槽道对中间频段模态的失稳作用,具有一定的展向波数选择性,只在特定的展向波数范围才对第二模态有失稳作用,对高展向波数第二模态则具有抑制作用;对第一模态的控制作用则比较复杂,在较小的展向波数范围(不超过1.1)内,微槽道对第一模态有一定的放大作用,而当波数进一步增大时,增长率又缓慢降低到无控状态之下。这就表明,微槽道对第一模态的失稳作用也具有一定的展向波数选择性。

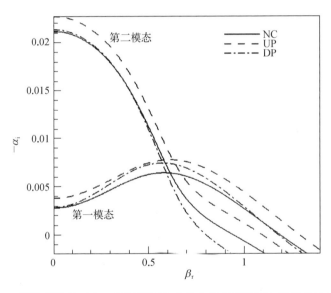

图 7.31 微槽道控制下出口位置最不稳定模态增长率随展向波数的变化对比

而对于 142.54 kHz 的高频扰动,下游微槽道对各个展向波数均起抑制作用,这里仅展示零展向波数下的结果,图 7.32 绘制了受控前后 142.54 kHz 第二模态对应的特征函数,图中对不同扰动的幅值进行了比例缩放。图示表明,在同步点下游施加微槽道控制以后,特征函数的幅值得到了不同程度的抑制,其中温度扰动特征函数的降幅最为明显,压力扰动幅值也有所降低但不明显。

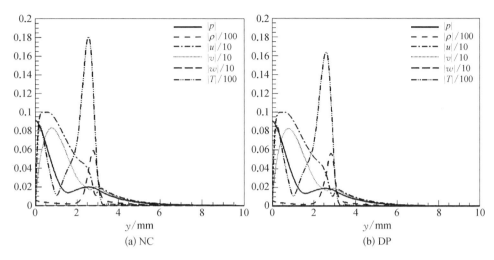

图 7.32 微槽道控制下出口位置第二模态特征函数的对比

7.3.2 基于主被动组合的边界层转捩延迟控制研究

前文分别开展了基于稳态壁面吹吸和微槽道控制的高超声速边界层转捩控制特性研究,发现前者会引发高频失稳现象,而后者则会引起低频失稳现象。这就启示我们,是否可以将两者组合起来,利用稳态壁面吹吸来控制低频扰动、利用微槽道来控制高频扰动,同时实现对宽频率范围内扰动波的抑制,达到更好的转捩抑制效果。基于此,本节提出一种基于稳态壁面吹吸/微槽道主被动组合的高超声速边界层宽频扰动抑制转捩延迟控制方法,分别对边界层内的低频和高频扰动波进行抑制,并通过大规模组合参数研究,揭示转捩控制机理与控制规律。

1. 主被动组合控制算例设置

在 7.3.1 节的基础上,在微槽道前后位置分别施加不同类型的稳态吹吸控制,其组合参数如表 7.3 所示,其中 x_{ip} 和 x_{ep} 分别表示微槽道的起止位置,x_{ibc} 和 x_{ebc} 分别表示稳态吹吸的起止位置,ε_2 表示吹吸的幅值。从表中可以看出,本节分别研究了微槽道位置、吹吸位置、吹吸类型的影响。

2. 控制结果分析

图 7.33 给出了在同步点上游布置微槽道并与稳态壁面吹吸组合控制下,出口位置空间模式增长率随无量纲圆频率的变化关系。不出意料,由于微槽道的失稳作用,主被动组合控制下的增长率依然要高于无控状态。仔细对比来看,在

表 **7.3** 主被动组合控制算例设置

算 例	x_{ip}	x_{ep}	x_{ibc}	x_{ebc}	ε_2
NC	—	—	—	—	—
UPUS	110	120	95	105	−0.001
UPUB	110	120	95	105	0.001
UPDS	110	120	150	160	−0.001
UPDB	110	120	150	160	0.001
DPUS	150	160	110	120	−0.001
DPUB	150	160	110	120	0.001
DPDS	150	160	165	175	−0.001
DPDB	150	160	165	175	0.001

注: 算例中,UP 表示与同步点上游微槽道组合,DP 表示与同步点下游微槽道组合,US 表示同步点上游施加稳态壁面吸气,UD 表示同步点上游施加稳态壁面吹气,DS 表示同步点下游施加稳态壁面吸气,DB 表示同步点下游施加稳态壁面吹气。

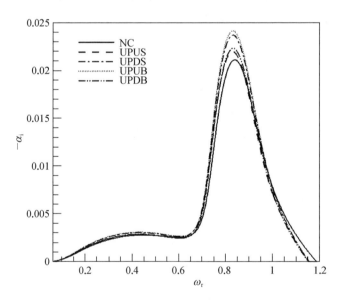

图 **7.33** 稳态壁面吹吸与同步点上游微槽道组合控制下的空间增长率

同步点上游施加稳态壁面吸气(UPUS)和下游施加稳态壁面吹气(UPDB)的算例中,增长率相对图 7.26 展示的仅布置微槽道(UP)的结果要低,表明这两种组合控制方式在一定程度上缓解了微槽道的失稳作用;而在同步点上游施加稳态壁面吹气(UPUB)和下游施加稳态壁面吸气(UPDS)的算例中,增长率大幅度提升,表明这两种组合控制方式引起的失稳是相互叠加作用,流场更加不稳定。

上面说明同步点上游的微槽道与稳态壁面吹吸控制组合起到的是失稳的作用,图 7.34 进一步给出了平均壁面压力的沿程变化。从图中可以看出,在稳态吹吸控制区域内壁面压力均呈现波动,其中 UPUB 控制时壁面压力相对无控状态先增加后减小,而 UPUS 控制时壁面压力相对无控状态先减小后增加。在微槽道控制区域,压力则出现高频的脉动,随后壁面压力有所抬升,并一直维持在高于无控状态的水平。

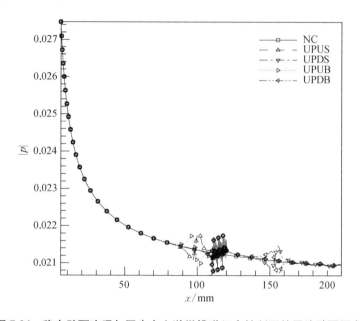

图 7.34   稳态壁面吹吸与同步点上游微槽道组合控制下的平均壁面压力

当把微槽道布置在同步点下游并与稳态壁面吹吸进行组合控制时,对应的不稳定模态空间增长率随无量纲圆频率的变化如图 7.35 所示。在上游施加 DPUB 和下游施加 DPDS 时,不稳定模态的空间增长率有所提升,而在上游施加 DPUS 和下游施加 DPDB 控制的算例中,所有频率范围内的不稳定波均得到了抑制,流动稳定性提高。特别是在 DPUS 算例中,抑制程度更为明显,其中最不稳定第一模态的空间增长率降低了 34.88%,最不稳定第二模态降低了 8.49%,实现了宽频扰动抑制的设计预期。此外,可以看到在增稳算例中,第二模态不稳定波的频率有向低频移动的趋势,这是因为对应的边界层厚度

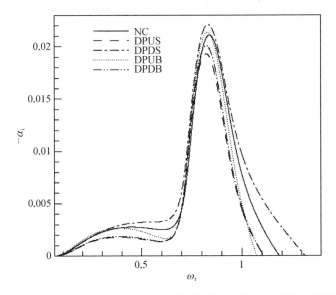

图 7.35 稳态壁面吹吸与同步点下游微槽道组合控制下的空间增长率

有所增加。

图 7.36 给出了稳态壁面吹吸与同步点下游微槽道组合控制下,出口位置不稳定模态增长率随展向波数的变化。对于第二模态,DPDS 中的增长率均高于

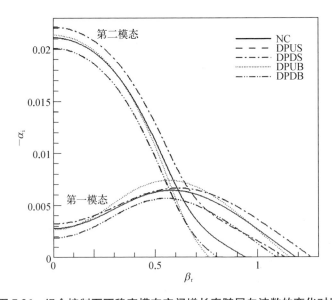

图 7.36 组合控制下不稳定模态空间增长率随展向波数的变化对比

无控状态,表明所有展向波数下的扰动波都存在失稳现象;而在 DPUB 算例中,展向波数较低时,组合控制起失稳作用,当展向波数超过 0.4 时,反而起稳定作用,表明该控制具有波数选择性;而在 DPUS 和 DPDB 算例中,所有展向波数的扰动波都得到了抑制。而对于第一模态,DPDS 和 DPUB 起到的是失稳作用,特别是在 DPUB 算例中,在展向波数为 0.5 左右时失稳现象最严重;而 DPUS 和 DPDB 两种控制方式则对第一模态起稳定作用。

图 7.37 展示了 DPUS 和 DPUB 两组算例下的流场脉动压力云图,其流向区间为 $x = [100\ \text{mm}, 200\ \text{mm}]$。对比来看,在同步点上游施加稳态壁面吸气控制后,由于局部边界层厚度的起伏变化,流场上方存在较弱的膨胀波与压缩波,而在稳态壁面吹气组合算例中,膨胀波与压缩波的强度明显要高,并且双胞格结构出现的位置与结构尺度都要高于 DPUS 下的结果。

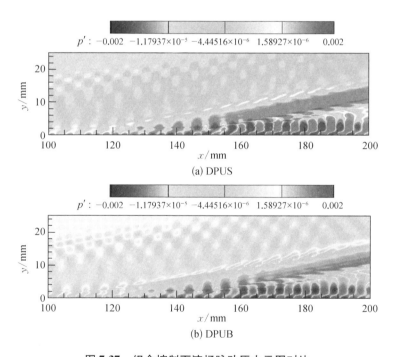

图 7.37　组合控制下流场脉动压力云图对比

上述结果表明,对于基于稳态壁面吹吸/微槽道主被动组合转捩控制方法,其最优控制方案是在同步点上游施加稳态壁面吸气、在同步点下游布置微槽道,该组合控制方式可以对所有频率范围内不稳定模态扰动波的抑制,更好地达到高超声速边界层转捩延迟控制的目的。

7.4　本章小结

本章首先基于风洞实验和 DNS,开展了基于自持合成射流的高超声速边界层转捩促进控制研究。红外热成像结果显示,在射流的控制作用下,模型表面温度快速上升,转捩阵面呈现出马蹄状,从流场结构上看,这是射流尾迹涡与失稳的马蹄涡快速诱导了边界层转捩的发生,壁面摩阻系数与壁面热流同步大幅度上升,并且实验值与计算值能够较好地吻合。因此,开展高超声速边界层转捩延迟控制研究,不仅有利于扩大层流区域、降低摩阻,还可以降低壁面热流、缓解热防护结构的冗余设计,达到降热、减重、减阻、增程的目的。

随后采用高精度数值模拟和线性稳定性分析方法,开展了基于稳态壁面吹吸的高超声速平板边界层转捩延迟控制研究。在平板前缘施加了 142.54 kHz 的非定常吹吸扰动,分别在同步点的上游和下游施加不同类型的吹吸控制。结果表明,在上游施加吹气控制、下游施加吸气控制会带来边界层的进一步失稳;而上游施加吸气控制、下游施加吹气控制,第一模态的时间增长率大约降低了 8%,第二模态的降幅则很小;同时,研究发现,上游吸气、下游吹气及其组合控制仅对低频范围内的扰动波具有抑制作用,对高频模态反而起失稳作用,对高展向波数的第二模态也起失稳作用。

针对稳态壁面吹吸引起的高频失稳现象,提出了基于稳态吹吸/微槽道主被动组合的高超声速边界层转捩宽频扰动抑制方法,该方法同时对低频模态和高频模态进行抑制,理论上有望集成剪切增稳与吸声机理,工程上有利于实现减阻和降热双目标。通过大规模组合参数(微槽道位置、吹吸位置、吹吸类型)研究,揭示了主被动组合控制对不稳定模态的影响规律,找到了最优组合控制方案,即在同步点上游布置稳态壁面吸气,在同步点下游布置微槽道,该组合控制方式下,所有频率范围内的扰动波均得到了抑制,其中最不稳定第一模态的空间增长率降低了 34.88%,最不稳定第二模态降低了 8.49%。

因此,在进行高超声速边界层转捩延迟控制时,可通过在同步点上游施加稳态壁面吸气、在同步点下游布置微槽道的主被动组合控制方案,实现对所有频率范围内扰动波的抑制,达到更好的转捩延迟效果。

参考文献

［1］Wang X W. Numerical simulations of supersonic boundary-layer instability and receptivity ［D］. Los Angeles：University of California at Los Angeles，2007.

［2］Hader C, Fasel H F. Flow control using steady blowing and suction strips in a mach 6 boundary layer on a flared cone［C］//AIAA Scitech 2021 Forum, Reston, 2021.

［3］Liu Q, Luo Z B, Deng X, et al. Vortical structures and density fluctuations analysis of supersonic forward-facing step controlled by self-sustaining dual synthetic jets［J］. Acta Mechanica Sinica, 2020, 36(6)：1215–1227.

［4］Liu Q, Luo Z B, Deng X, et al. Fine structures of self-sustaining dual jets in supersonic crossflow［J］. Acta Astronautica, 2019, 164：262–267.

［5］傅德薰,马延文,李新亮,王强.可压缩湍流直接数值模拟［M］.北京：科学出版社,2010.

［6］Wang X W, Zhong X L. Effect of wall perturbantions on the receptivity of a hypersonic boundary layer［J］. Physics of Fluids, 2009, 21：044101.

［7］易仕和,刘小林,陆小革,等.NPLS 技术在高超声速边界层转换研究中的应用［J］.空气动力学学报,2020,38(2)：348–354,378.

［8］Liu X L, Yi S H, Xu X W, et al. Experimental study of second-mode wave on a flared cone at Mach 6［J］. Physics of Fluids, 2019, 31：074108.

［9］Wang X W, Zhong X L, Ma Y B. Response a hypersonic boundary layer to wall blowing-suction［J］. AIAA Journal, 2011, 49(7)：1336–1353.

［10］Wang X W, Lallande D. Hypersonic boundary-layer stabilization using steady blowing and suction：Effect of forcing location［C］//AIAA Scitech 2020 Forum, Orlando, 2020.

［11］Fedorov A V. Transition and stability of high-speed boundary layers［J］. Annual Review of Fluid Mechanics, 2011, 43：79–95.

［12］郭启龙,涂国华,陈坚强,等.横向矩形微槽对高超声速边界层失稳的控制作用［J］.航空动力学报,2020,35(1)：135–143.

［13］Malmuth N D, Fedorov A V, Shalaev V, et al. Problems in high-speed flow prediction relevant to control［C］//2nd AIAA, Theoretical Fluid Mechanics Meeting, Albuquerque, 1998.

［14］Fedorov A V, Malmuth N D, Rasheed A, et al. Stabilization of hypersonic boundary layers by porous coatings［J］. AIAA Journal, 2001, 39(4)：605–610.

［15］Fedorov A V, Shiplyuk A, Maslov A, et al. Stabilization of a hypersonic boundary layer using an ultrasonically absorptive coating［J］. Journal of Fluid Mechanics, 2003, 479：99–124.

［16］Brès G A, Inkman M, Colonius T, et al. Second-mode attenuation and cancellation by porous coatings in a high-speed boundary layer［J］. Journal of Fluid Mechanics, 2013, 726：312–337.

［17］Wang X W, Zhong X L. Numerical simulations on mode S growth over feltmetal and regular porous coatings of a Mach 5.92 flow［C］//49th AIAA Aerospace Sciences Meeting including the New Horizons Forum and Aerospace Exposition, Orlando, 2011.